红茶 普洱茶 乌龙茶

王缉东 主编

OOLONG TEA
PU'ER TEA
BLACK TEA

中国轻工业出版社

图书在版编目（CIP）数据

乌龙茶　普洱茶　红茶/王缉东主编. —北京：中国轻工业
出版社，2013.6
　ISBN 978-7-5019-9013-9

　Ⅰ.①乌… Ⅱ.①王… Ⅲ.①乌龙茶－基本知识②普洱茶－基本知识③红茶－基本知识
Ⅳ.①TS272.5

　中国版本图书馆CIP数据核字（2012）第229156号

责任编辑：王巧丽　　　责任终审：孟寿萱　　封面设计：奇文云海
策划编辑：王巧丽　　　责任监印：马金路　　版式设计：彭　娜

出版发行：中国轻工业出版社（北京东长安街6号，邮编：100740）
印　　刷：北京画中画印刷有限公司
经　　销：各地新华书店
版　　次：2013年6月第1版第2次印刷
开　　本：889×1194　1/20　　印张：8
字　　数：200千字
书　　号：ISBN 978-7-5019-9013-9　定价：39.90元
邮购电话：010-65241695　　　　　传真：65128352
发行电话：010-85119835　85119793　传真：85113293
网　　址：http://www.chlip.com.cn
Email:club@chlip.com.cn
如发现图书残缺请直接与我社邮购联系调换
130594S1C102ZBW

目录

PART 2 普洱茶

普洱茶——回望前生的悠远陈韵

PART 3 红茶

红茶——深情明丽，温馨满怀

PART 1

乌龙茶

铁观音·大红袍·

凤凰单枞·武夷肉桂·

老枞水仙·永春佛手·

醉美人·白毫乌龙·冻顶乌龙·

这些都是乌龙茶。

乌龙茶香，令人叹息，令人难忘，

是中国茶叶军团中奇香无比的排头。

乌龙茶

乌龙茶香，香得令人叹息，令人难忘，简直是中国茶叶军团中奇香无比的排头兵，每种乌龙茶都个性鲜明，仿佛一个个体貌特征迥异的人——遒劲硬朗的野观道长是大红袍，纯香甜美的妙龄美女是凤凰单枞，血气方刚的弱冠少年是铁观音，甜熟淡然的成熟少妇是醉美人……不似绿茶，闭上眼睛细细品味，全部一派清和之气，也清也香也淡也醇，大多是柔美恬淡的江南水乡少女，或衣冠飘逸的文士。

乌龙茶的特质介于未经发酵的绿茶、完全发酵的红茶和黑茶（普洱茶、茯砖茶等）之间。可以说，泡茶时散发出浓郁、鲜明、悠长香气的茶几乎都是乌龙茶，所谓"香气高锐"，那种特殊的香气足以令人驻足回望。

乌龙茶的历史和绿茶比简直是太年轻了，仅五百年左右，但不妨碍越来越多的人迅速地迷恋上乌龙茶；小壶小杯滚汤热淋的功夫茶冲泡方式，原来仅是盛行于广东潮汕地区及福建的漳州、泉州一带，现在成为人们崇尚的主流冲泡方式，影响和改变着中国人的泡茶和品茶方式。

从明清至今，潮汕人孜孜不倦地追求独特、至香的乌龙茶，很多人喝茶喝到倾家荡产。20世纪末21世纪初，铁观音是时髦茶种，后来普洱茶大行其道，大红袍紧跟一路攀升，凤凰单枞也价格骤升，好茶难觅，且价格已高得令人肉疼。售卖台湾乌龙茶摊铺也越来越多。

当舌头撞上了乌龙茶，人们就无可避免的爱上它，中了乌龙茶的"毒"，然后喝乌龙茶解毒。

经过发酵的茶除了乌龙茶、红茶、绿茶外，还有相对产量较少的、经过极其轻微氧化发酵的茶——白茶和黄茶。

一　乌龙茶之性格

1 乌龙茶的种群

人群可以以性别、人种、肤色、年龄、生活的地域等多种标准来划分，乌龙茶也一样。乌龙茶可按照产地、茶叶的外形、香气等进行分类。

① 依产地划分,乌龙茶可以分为四种,分别是闽北乌龙、闽南乌龙、广东乌龙以及台湾乌龙。

② 依茶叶的外形分,乌龙茶主要有条形、颗粒状两种。颗粒状乌龙茶有的团成一球,有的扁扁的不太规则。条形乌龙茶多产于闽北和广东,颗粒状乌龙茶多产于闽南和台湾。

③ 香气是乌龙茶最大的亮点,闽北武夷山岩茶中有花香、肉桂香等香气类型,只广东的凤凰单枞就有黄栀香、稻香、茉莉香、芝兰香等等几十种。可以说,想喝全各种香气的乌龙茶是件难度相当大的事情。

我们暂且以这样简单的关联方式来熟悉几种典型的、最具代表性的乌龙茶。

大红袍——条形状——浓香型——武夷岩茶——闽北乌龙茶

凤凰水仙——条形状——浓香型——广东乌龙茶

冻顶乌龙——颗粒状——清香型——台湾包种茶

安溪铁观音——颗粒状——清香型——闽南乌龙茶

如同乌龙茶成了半发酵类茶叶的统称一样，大红袍几乎成了岩茶的代名词，铁观音也成了安溪一代所产的颗粒形乌龙茶的代称。如果想详细了解茶叶信息，一定要事先做做功课，问一问乌龙茶产地和种类。

乌龙茶的"枞"

"枞"只有在言及乌龙茶时才经常被提及。"枞"特指乌龙茶中或产量极少，或品质特优，或茶树形状奇异，或茶树种植地点奇特的品种，名贵的品种称"名枞"，好比猫熊科动物里的珍稀品种大熊猫。而需要单棵采制的茶，就是"单枞"。

乌龙茶中最为著名的是闽北武夷岩茶中的"四大名枞"和广东乌龙茶的凤凰单枞、岭头单枞、乌东蜜兰香单枞。

1 武夷岩茶之四大名枞

武夷岩茶奇种、名种、单枞、名枞等品种繁多，而且品质差异较大。其中久负盛名的四大名枞为大红袍、铁罗汉、白鸡冠、水金龟。近几年新开发的武夷肉桂现在也是名枞。

2 广东乌龙茶之凤凰单枞

凤凰单枞是凤凰水仙品种茶树中最为名贵的枞，产于粤东的凤凰山，有80多个品系，如黄枝香、肉桂香、芝兰香、杏仁香、茉莉香、通天香等。

 在茶叶市场上，一般说"单枞"，大家指的都是广东的"凤凰单枞"，这已成为约定俗成。

 乌龙茶香知多少

古人说"茶兼花香味更强"，茶香比花香更为迷人，尤其是乌龙茶，香得不用捕捉、不用揣测，令人心旷神怡。

乌龙茶的香气，我们暂且做以下三种描述：

① 苦中带甘、焦中带香，溢满在口腔、鼻翼和咽喉，有一种沧桑感随之漾开，随后，有的茶隐隐有花香，有的茶隐隐有桂皮的味道……独特的滋味让人联想到黑咖啡的味道，这是以"大红袍"为代表的武夷岩茶的香。人们称之为"岩韵"。

② 清晨赤着脚踏在青草丛中，深深呼吸一下，田野里树木、花草和晨曦的气息一并纳入胸腹，突然感觉心中的淡远宁静油然而生，闭上眼睛，感受着青草与露珠带来的丝丝清凉的、干干净净的味道，这是以"铁观音"为代表的乌龙茶之香，人们称之为"音韵"。

③ 让所有记忆中香甜的味道交织在空气中，香香甜甜，仿佛置身于兰花香舍之中，仿佛在金色麦浪里，被唤醒的不仅是嘴角浅浅的笑意，还有栀子花、茉莉花以及所有淡雅的花香记忆。这是单枞的香气，清纯甜美，令人无法忘怀。

1 乌龙茶的"韵"

闽北乌龙茶有"岩韵"。岩茶香气馥郁胜似兰花而深沉持久，浓饮不苦不涩，味浓醇清活，有石骨花香之誉。这就是以"大红袍"为代表的武夷岩茶的茶香，人们美名其曰"岩韵"。这种岩韵让品茶者感觉茶品时而隐有花香，时而隐隐有桂皮的味道……独特的滋味让人称奇。武夷岩茶独特的"岩韵"和令人神往的"岩骨花香"犹如遒劲硬朗的野观道长，充满了惊奇和神秘。

闽南乌龙茶有"音韵"。这种香气浓郁持久有特殊的品种香，如天然花香、果香。这种乌龙茶茶香充满了清新、凉爽的味道，宛如清晨赤着脚站在宽阔的稻田旁，脚尖轻踏青草，深呼吸一下，稻谷香、花草香一并纳入胸腹，闭上眼睛，尽情感受着青草与露珠带来的丝丝清凉的味道，这是闽南以"铁观音"为代表的乌龙茶之香，人们称之为"音韵"。

广东乌龙茶有"山韵"，带有天然优雅花香、醇和的特点。这种香气仿佛置身于花香雅舍中，放佛身处清幽的山涧里，唤起了还有果香、蜜香等不同香气的记忆。喝到好的单枞，你才能明白，为什么潮汕一带会有殷实的人家因为喝茶而倾家荡产。

台湾乌龙茶有"清韵"，带有明显的清香或花香。香气就像纯香甜美的妙龄美女，清纯甜美，没有很强的香气味，有的只是很含蓄的清香和甘甜。如文山包种茶犹如少女般的清香和淡雅，醉美人就像是一位甜熟淡然的成熟少妇，冻顶乌龙则是喉润回甘见长的年轻壮小伙……

② 乌龙茶的香气

香气是乌龙茶最大的亮点，乌龙茶的茶香，既有绿茶的清香又有红茶的熟香，胜似兰花而深沉持久，香气馥郁，锐则浓长。可以说，只要泡茶时散发出浓郁、鲜明、悠长香气的茶几乎都是乌龙茶，所谓"香气高锐"，那种特殊的香气足以令人驻足回望。

乌龙茶的香气迥异，有肉桂香、兰花香、蜂蜜香、牛奶香、焦糖香、熟果味香……

武夷肉桂	香气持久，具有清雅的肉桂香气，滋味醇厚回甘。
白芽奇兰	香气清高浓长，兰花香显著，味醇厚、清爽、细腻。
凤凰单枞	有天然优雅花香（黄枝香、芝兰香、杏仁香、茉莉香等），具有特殊的山韵蜜味，滋味浓郁、甘醇、爽口。
大叶奇兰	香气似兰似参，香味独特，滋味浓厚清爽回甘。
洞顶乌龙茶	有天然花香略带焦糖香，滋味甘醇浓厚。
金萱乌龙茶	干茶有花香，品味茶汤带有淡淡的奶香味，滋味浓醇。
东方美人茶	有熟果味香和蜂蜜香，滋味甜醇。

4 乌龙茶的香有几种闻法

乌龙茶的香丰富多样，其他茶类难以比拟。闻茶香既是鉴别茶叶时的第一个下意识动作，也是喝茶时的一大享受。通常喝乌龙茶时你会怎么欣赏和享受茶香？

1 入门级

闻干茶叶香

人们看见茶叶后第一个反应是轻轻抄起一小捧茶叶，细看，闻茶香。对茶叶的第一印象由此产生。一般茶叶外形比较整齐，香气令人欢喜的茶叶马上能获得好感。

闻茶水香

茶叶泡开后，常喝茶的人的习惯动作是在鼻子下面略停，轻、慢地闻一下茶水，才开始啜饮茶水。茶泡水后，香气也鲜活起来了。

2 提高级

用开水温烫茶具后倒掉水，放入茶叶闻干茶香

≫ 嗅刚泡过的茶叶、刚倒出的茶水的香气时，鼻尖离茶水 2~4 厘米。轻嗅，注意别烫伤鼻腔。

≫ 冲泡开的乌龙茶茶渣专业上称为"叶底"。

≫ 品质上好的乌龙茶和多窨次的花茶的冷香特点比较明显。

≫ 台式乌龙茶茶具闻香杯因杯深口小，便于香气聚留。闻香时，将闻香杯中的茶汤倒入品茗杯后，轻轻提起闻香杯并双手搓动闻杯底留香。

乌龙茶沏泡需要沸水，高温释出茶叶里的各种物质——包括香气物质。泡茶前烫壶保证沸水入壶后不致降温太快。一些商家为客人试泡茶水时常会烫壶后放入茶叶，把滚烫的茶壶拿给客人闻香。此时干茶叶受热，香气已经开始散发，所以这时闻香，茶叶自然加分。

闻泡过的茶叶香（闻叶底香）

干茶叶泡水后，香气的衰败比茶水更加明显。所以闻泡过的茶叶，对享受茶叶的香气无甚更妙之处，但对判断是否该换茶叶却有很大帮助。泡过水的茶叶里的"水味"甚至明显浓于茶水里的"水味"。

3 个性化闻香法

杯底香

老喝茶的人喝茶时的第三个习惯动作：喝尽香茶后，自然将茶杯凑近鼻端，贪婪地嗅着杯底的茶香。茶就是这么奇妙，通常乌龙茶趁热饮下，随着喝尽茶水，茶杯内壁差不多就干了，茶杯里依然是香的。这时就会发现，所谓的"香气物质"确实存在。

冷香

不知道你听说过没有，冷了还闻着香的茶才是好茶！的确如此。茶的冷香可比《红楼梦》宝姑娘的冷香清灵洁净。

造成乌龙茶迥异香气的原因

因流经地域的河床结构、土壤、气候、环境、降水量等因素的影响，造成每个区域或地方河水含沙量、浑浊度、水土流失等情况迥异不一。

同样，造成乌龙茶丰富多彩香气的原因，我们可以划分为以下几种因素：

① 品种（枞）：品种不同，茶香各异，尤其是乌龙茶中的名枞，有独特的、天然的花香和蜜香等。

② 产地：广东乌龙茶具有"山韵"，闽北乌龙茶有"岩韵"，闽南乌龙茶有"音韵"，台湾乌龙茶有"清韵"。因产地风土不同，乌龙茶的香气也各异。

③ 发酵程度：发酵程度越高的乌龙茶，茶气越浓，反之则清淡。

④ 焙火程度：焙火（干燥，去掉茶中水分的工艺）高的乌龙茶，焦香气越高远，反之则清淡。

Tips 岩韵是山岩和树木结合的韵味。武夷岩茶既渗透着武夷山岩的本味，又拥有茶之香气。武夷岩茶的"岩韵"、铁观音的"音韵"等都出于一方水土养一方茶。乌龙茶尤其喜欢海拔较高、气候温和、云雾缭绕、雨量充沛的环境。

乌龙茶干茶形状

乌龙茶茶叶形状一般可以分为两种：条索状、颗粒状。近几年新开发的冰鲜单枞呈冰冻的茶叶自然形状。

我们也可以通过几种典型的、最具代表性的乌龙茶来初步认识其茶叶的形状。

1 条索状

大红袍、凤凰单枞、铁罗汉、白鸡冠、水金龟都是条形状乌龙茶，它们如同结实有力的中年男子，成熟稳重，劲道十足。

2 颗粒状

铁观音、黄金桂、本山、毛蟹（安溪茶四大当家品种）、冻顶乌龙等都是颗粒状乌龙茶，它们如同少年时的血气方刚，硬朗清俊。

3 冰冻的茶叶

只有冰鲜单枞才有这种状态，没经过干燥的碧绿茶叶冻成一大团，茶块上覆盖着冰霜，茶叶完整，清鲜怡人。

不同形状的乌龙茶各有其特色和韵味，看着就让人着迷和兴奋，再喝上一口，简直就无法忘怀，味蕾和心灵被所爱的乌龙茶茶香紧紧抓住，难以割舍。

冻顶乌龙

黄金桂

永春佛手

铁观音

白鸡冠

凤凰水仙

白毫乌龙

2 美丽多变的茶水色

乌龙茶的茶汤颜色由发酵程度和焙火高低来决定。发酵程度越高、焙火程度越高，茶汤颜色越深。像闽北浓香型的大红袍、武夷肉桂等，发酵、焙火程度高，其茶汤颜色呈橙黄偏红色。闽南清香型的铁观音、永春佛手等，发酵程度低，焙火程度低，其茶水的颜色就比较清淡，是淡淡的黄中带浅绿色。

是否还记得开车去海边度假，当车沿着海堤一路奔驰，阳光照在海面上，远望过去海水的颜色由深蓝逐渐变为浅绿，迷人极了。乌龙茶茶水的颜色同样美丽多变，令人着迷不已。

不同品种及制作方法的乌龙茶，茶水的颜色可从浅黄→蜜黄→橙黄→红黄；不同颜色的茶水由浅至深地呈现在眼前，犹如一幅色彩丰富的油画。

 ≫ 茶叶颜色越接近茶原叶，茶水色就越浅。

≫ 一般发酵较重的乌龙茶，茶水颜色较深，较红；而发酵较轻的乌龙茶，茶水颜色较浅，较黄。但是好品质的乌龙茶的茶水都具有明亮、清澈、有光泽的特点。

3 乌龙茶的香气描述

走进茶叶市场，你能闻到的两种最突出的茶香是乌龙茶香和茉莉花茶香，如果没有茉莉花茶铺，那么你闻到的大多是铁观音系的茶香。乌龙茶的香气特征是清高馥郁，具有天然的花香。

乌龙茶品种繁多，制茶技艺精细，我们能品到的香味种类很多。

乌龙茶香型	乌龙茶代表品种
清香	铁观音、冻顶乌龙
浓香	武夷岩茶、闽北水仙
辛香	武夷肉桂
花香（稻花、栀子花、茉莉花、兰花等）、果香	凤凰单枞
焙火香	传统工艺铁观音、大红袍
奶香	金萱乌龙
蜜香	白毫乌龙（东方美人）
……	……

如只针对前三泡来说，第一泡茶，通过闻香来判断茶叶的香型、浓淡、有无异味、杂味等；第二泡则是辨别茶叶香气的强弱等；第三泡就是看茶叶的香气的持久度了。

4 绿叶红镶边

绿叶红镶边是乌龙茶独有的外貌特征。这个特质是由制作乌龙茶时做青阶段产生的，简单地说就是通过摇动茶叶，让茶叶的边缘相互擦碰，破损，破损处被氧化发红而致。但现在工艺制作的很多乌龙茶已不是"红镶边"了。

在制作乌龙茶时，到了做青阶段，茶叶的叶绿素被破坏，叶黄素以及多酚类氧化产物的积累，使青叶由青绿色转成黄绿色，叶缘损伤部分由于多酚类氧化程度重，相对积累的氧化物多，显示出红边特征，即形成了乌龙茶的一大外形特点——绿叶红镶边。

5 有的乌龙茶也喝陈

新茶和陈茶是相对而言的。一般绿茶讲究喝新茶，当年春季从茶树上采摘鲜叶，经加工而成的茶叶，称为新茶。上一年甚至更长时间以前采制加工而成的茶叶，如保管严妥，茶性良好，均可饮用，茶的香气和鲜爽不如新茶，统称为陈（旧）茶。过去我们只知道黑茶才喝"陈"（即存放有一定年度的茶），其实，有的乌龙茶也讲究喝陈。

一般我们都会认为仅有普洱茶是越陈越好，其实，乌龙茶也喝陈。

乌龙茶喝陈，是针对风味浓重的乌龙茶来说的。在乌龙茶中，闽北乌龙茶（岩茶）采用传统的制茶工艺，其发酵和焙火程度都比较高，当年的茶品焙火味重、火气大，喝时嗓子会有收敛感，就是常说的拉嗓子，如果茶品放上一二年，茶的火气散去，这时喝起来，口感就会顺滑许多，滋味更醇和，更适合味蕾的享受。

所以，现在很多品茶者都喜欢买当年的岩茶或炭焙铁观音，放到第二年、第三年再喝，滋味、口感都要比当年买当年喝的更佳。或者买去年的茶来喝更方便。另外，乌龙茶不似普洱茶的流行说法"越陈越香"，两三年保存得当，重发酵乌龙茶均能有较好的表现，保存时间再长，则香气、滋味变差。

形——茶叶的外形 一般新茶的干茶外形整齐新鲜、有光泽；陈茶外形略碎枯燥、色泽灰暗。
香——茶水的香气 冲泡后，新茶香气明显，清鲜宜人；陈茶不鲜活。
色——茶水的颜色 冲泡后，新茶的茶水清澈透明，汤色明亮；陈茶的茶水汤色不那么透亮。
味——茶水的味道 冲泡后，新茶茶水的味道滋味醇厚鲜爽；陈茶茶水色浓、味淡，鲜爽不足。

对于存放时间长的高焙火、高发酵的乌龙茶，产茶区的茶人们讲究每一年都会拿出来焙火，以免茶叶在存放过程中返青，影响茶品质量。如存放环境干爽或可不必。

市面上经常提到的"新茶上市""抢新""尝新"，指的就是每年春季最早采摘茶叶加工而成的头几批茶叶。

三　名品乌龙鉴赏与泡饮

乌龙茶另一无可比拟的丰富性——冲泡之美

好茶还要懂泡饮，乌龙茶的冲泡方式多样、讲究和优雅。不同的乌龙茶茶韵各异，如武夷岩茶为"岩韵"，铁观音讲"音韵"，凤凰单枞的"山韵"、"蜜韵"，台湾乌龙的"清韵"，要泡出乌龙茶的这些特有的茶韵，冲泡细节的确要下功夫。

不同的乌龙茶冲泡方式不同，从用具到技巧，都非常讲究和精细，冲泡乌龙茶时的过程隆重，其中体现了浓重的地域人文色彩和艺术色彩。

1 潮州工夫茶

泥炉煮水，泥壶浓泡，巡点三杯，是潮汕的泡茶特色。

广东潮州工夫茶有非常浓重的地域色彩。在潮州，走在街头巷尾，随时都能看到喝茶人，无论家人团聚、朋友登门，还是生意买卖，见面后先取泥壶泡茶，关公巡城、韩信点兵分好茶汤，滚烫浓醇的茶汤落肚，才开始叙旧或交易。遇到比较讲究的饮者，还会在潮汕泥炉填好龙眼炭甚至橄榄核炭，取山泉水用陶壶烧开泡茶，认认真真烫杯淋茶，不紧不慢清酌细品。潮州人喝工夫茶有"瘾"，家家喝、人人喝，随时都喝，有"宁可三日无米，不可一顿无茶"之说。

2 安溪工夫茶

安溪工夫茶以盖碗冲泡乌龙茶为特色。

安溪，在福建省的南部，是乌龙茶的故乡，是茶文化的发祥地。早在清代，安溪的乌龙茶冲泡方法就已相当考究。安溪茶艺流程，每一个环节，每一个动作，都融自身修养与茶的精华为一体，在冲泡过程中不停留在"表演"的层面上，追求的茶艺精神理念是尊重茶与人、人与自然之间的和谐关系。

3 台湾工夫茶

台湾茶艺源自潮州工夫茶，讲究茶叶本身、饮茶氛围及与茶相关的事物，融入了中国文人儒、释、道文化的精髓，结合台湾现代生活氛围特点，冲泡用具更细化、人性化，冲泡过程更具观赏性。

在欣赏茶的色形，品茶的美味之时，也注重冲泡技巧，使茶香、茶味和汤色都能尽善尽美。这些冲泡技巧包括泡茶器具的选用、水温的控制、茶叶用量和冲泡时间的调配等。

2 乌龙茶鉴赏

1 闽北乌龙茶

大红袍

大红袍是武夷岩茶中的珍品，采摘名枞大红袍茶树鲜叶制成。大红袍得名的传说有多种，充满传奇色彩。大红袍具有优质岩茶〝深沉持久，浓饮不苦不涩，味浓醇清活，有岩骨花香之韵，称为岩韵〞之美。

干茶：茶条索匀整壮实，色泽绿褐鲜润。

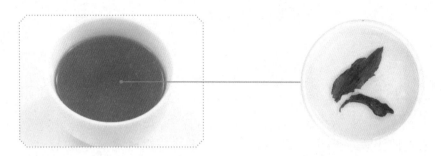

茶水： 汤色橙黄清澈。香气馥郁具幽兰之胜。

叶底： 叶底红绿相间。

目前市场上出售的大红袍如无特别说明，一般都是嫁接的品种，多为大红袍母株无性繁殖和异地栽植的茶树采制而成，有的茶商称它们为"小红袍"或"二代红袍"。

茶叶品质好坏比较：

※ 注：品质优劣以实心星个数标示，实心星越多茶叶品质越佳。

白鸡冠

白鸡冠早在明朝就已出现，早于大红袍。品质上佳的白鸡冠弯弯卷曲且毛茸茸的，形态宛如一个个鸡冠，故名"白鸡冠"。白鸡冠干茶上几种颜色相衬，非常漂亮。

干茶：条紧色泽绿褐，干茶就能看出明显的"绿叶红镶边"。

茶水： 汤色呈橙红色，香气馥郁悠长，岩韵突出，味醇厚，爽口回甘，多次冲泡有余香。

叶底： 绿褐相间，乌龙茶特有的"绿叶红镶边"凸显。

武夷岩茶多数以茶树品种而命名，例如用肉桂品种茶树采制的取名为武夷肉桂，用水仙品种茶树采制的取名为武夷水仙等。

品质稍低的茶叶：

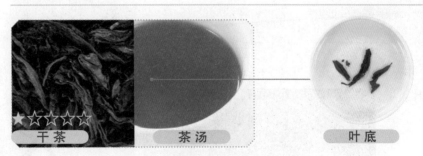

干茶　　　　茶汤　　　　叶底

铁罗汉

铁罗汉是武夷岩茶中最早的名枞，也是武夷岩茶中的珍品。传说此茶是由慧园寺的一位长得黝黑健壮、身材魁梧、似一尊罗汉的僧人发现并采制而成，故以"铁罗汉"命名。

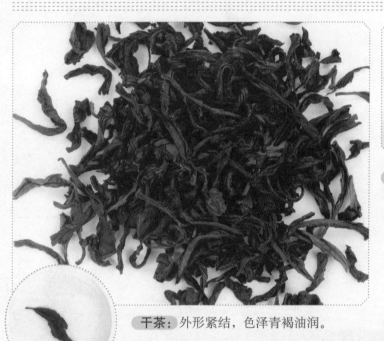

茶水：汤色金黄明亮，香气细而含蓄，带有天然花香。滋味醇厚甘爽，回甘重。

干茶：外形紧结，色泽青褐油润。

叶底：柔软透亮且显红边。

品质稍低的茶叶：

★★☆☆☆

| 干茶 | 茶汤 | 叶底 |

水金龟

水金龟是武夷岩茶"四大名枞"之一，是武夷岩茶中的珍品，也是有趣的"官司茶"。

关于水金龟还有一段有趣的传说。话说有一日，下起了倾盆大雨，由于雨量过大，造成峰顶的茶园发生坍塌，茶园里的茶树被雨水从天心岩冲至兰谷岩的岩石凹处。兰谷岩岩主见状就将茶树围起来，让茶树茁壮生长，并给茶树取名为"水金龟"。后来天心岩主还和兰谷岩主为了茶树的归属打起了官司，所以，水金龟还有"官司茶"的称呼。

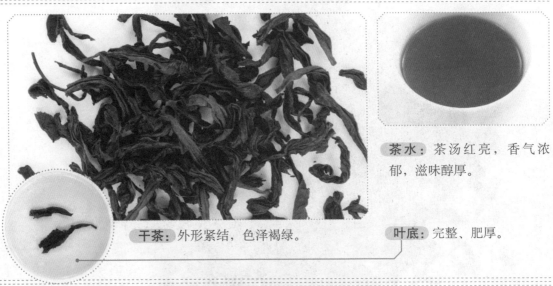

茶水：茶汤红亮，香气浓郁，滋味醇厚。

干茶：外形紧结，色泽褐绿。

叶底：完整、肥厚。

品质稍低的茶叶：

干茶　　茶汤　　叶底

武夷肉桂

武夷肉桂是采摘"肉桂"茶树鲜叶制成的乌龙茶，拥有的辛锐的天然桂皮香气以及强烈刺激口感，是区别于其他岩茶最主要的品质特征。

干茶：外形条索匀整卷曲，色泽褐禄、油润。

茶水：茶汤橙黄清澈，香气馥郁持久，具有清雅的肉桂香气。滋味醇厚回甘。

叶底：叶底黄亮，呈淡绿底红镶边。

茶叶品质好坏比较：

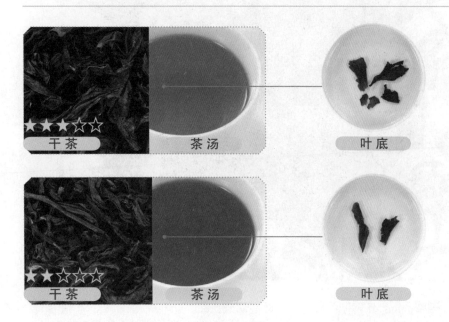

★★★☆☆　　干茶　　茶汤　　叶底

★★☆☆☆　　干茶　　茶汤　　叶底

武夷水仙

武夷水仙（闽北水仙）是武夷岩茶中的精品之一，出现在武夷肉桂之前。武夷水仙香气似兰花，清高幽长，冲泡多次仍清香甘醇，陈年的老枞水仙更加甘美。

干茶：外形条索肥壮、均匀，叶端褶皱扭曲。

茶水：汤色橙黄，味道醇厚，清爽回甘。

叶底：叶底厚软且黄亮，叶缘呈朱砂红边，即"三红七青"。

茶叶品质好坏比较：

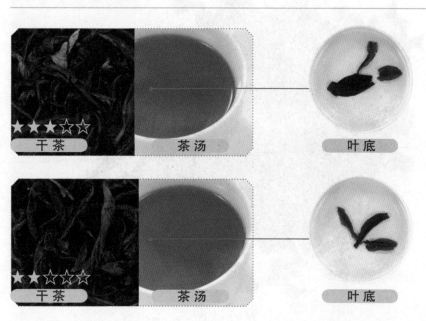

★★★☆☆
干 茶　　茶 汤　　叶 底

★★☆☆☆
干 茶　　茶 汤　　叶 底

2 闽南乌龙茶

铁观音

铁观音既是茶树名也是茶种名，是闽南铁观音的代表品种，原产于安溪西坪镇。

铁观音香气浓郁持久，带有天然花香、果香。安溪铁观音所含的香气最为丰富，独特的香气令人心怡神醉，满室生香。

干茶： 条索卷曲，肥壮圆结，砂绿翠润，红点明显。

茶水：茶汤淡黄绿清澈，味醇厚甘鲜，香气浓郁有特殊品种香，称为"铁观音韵"。

叶底：叶底呈绸面光泽。

茶叶品质好坏比较：

干茶	茶汤	叶底
★★★☆☆		
★★☆☆☆		

永春佛手

永春佛手又名香橼种、雪梨，产于福建永春县，1930年前后创制。鲜叶原料采自无性系茶树品种"佛手"，系乌龙茶类中风味独特的名贵品种之一。

干茶： 条卷结成蚝干状，砂绿乌润。

茶水： 汤色橙黄，香浓锐，味甘厚。　　**叶底：** 叶底黄绿明亮。

本山

本山是产于闽南的无性系良种"本山"嫩叶制成的乌龙茶。品质略似铁观音，唯缺铁观音的特殊韵味，枝梗细是其显著特征。为高级色种茶原料。

干茶： 外形壮实沉重。茶叶色泽黄绿，呈青蒂、绿腹、红边的三节色。

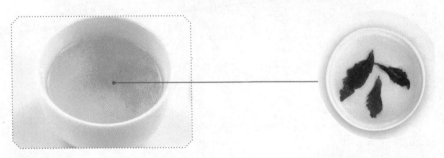

茶水： 汤色橙黄，汤香气高长、带兰花香，滋味醇厚、回甘有轻微酸甜味。

叶底： 叶底黄绿。

毛蟹

毛蟹因采摘"毛蟹"品种鲜叶制作而得名，原产福建安溪福美乡。20世纪20年代研制。制作工艺类似铁观音。分为特级、一至四级。为色种原料。

干茶： 外形弯曲结实，头大尾尖，茸毛多但易脱落。

茶水： 汤色呈青黄或金黄，香气高爽，口味清醇。

叶底： 叶底青绿、细嫩、完整。

③ 广东乌龙茶

凤凰单枞

凤凰单枞是产于广东潮安凤凰山茶区的条形乌龙茶。因选用树型高大的凤凰水仙群体品种中的优异单株单独采制而得名。有80多个品系，如黄枝香、肉桂香、芝兰香、杏仁香、茉莉香、通天香等。凤凰单枞比较耐冲泡，可以冲泡8泡以上。

干茶：外形挺直肥硕，黄褐似鳝鱼皮色。

茶水：汤色清澈似茶油，有天然优雅花香，滋味浓郁、甘醇、爽口，具特殊山韵蜜味。

叶底：叶底青蒂绿腹红镶边。

冰鲜单枞

冰鲜单枞又称冰山美人，是一种轻发酵茶，这种茶的味道有别于其他乌龙茶，加工过程与普通乌龙茶也不相同。它以武夷岩茶为原料，采青后进行做青和杀青，不经过揉捻也不烘培，杀青后直接放入冰柜保存，保证了茶叶的新鲜度和原汁原味。喝时直接从冷柜取出，用滚烫的开水冲泡，真正体验冰火两重天的感觉，开水一冲，香气四散。

干茶： 外形类似于普洱茶一样结成一大块，不同之处是茶块上覆盖着冰霜，茶叶颜色鲜绿，叶子完整。

茶水： 汤色明亮而清澈，清香悠长。

叶底： 叶底颜色青绿没有红镶边，叶片完整，比起其他的乌龙茶，冰鲜单枞的叶底要显得更新鲜。

4 台湾乌龙茶

冻顶乌龙

冻顶乌龙被誉为台湾茶中之圣，是文山包种的姐妹茶，主产于台湾省南投县鹿谷乡的半球形包种茶。冻顶是山名，为凤凰山支脉，海拔700米，山上种茶，因雨多山高路滑，上山的茶农必须蹦紧脚尖（冻脚尖）才能上山顶，故得名。

茶水：汤色黄绿，有花香略带焦糖香，滋味甘醇浓厚。

干茶：外形卷曲呈半球形，色泽墨绿油润。

叶底：叶底边缘有红边，叶中部呈淡绿色。

品质稍低的茶叶：

干茶　　　茶汤　　　叶底

41

东方美人

东方美人茶是"白毫乌龙"的一种，主产于台湾省新竹县北浦乡、峨嵋乡。东方美人茶曾风行欧美地区，成为英国王室贡品，经英国女王命名为"东方美人"。

干茶： 外形茶芽肥大呈条状，有甜香，红、黄、白、绿相间。

茶水： 汤色橙红，有熟果味香或蜂蜜香，滋味甜醇。

叶底： 叶底柔软完整。

文山包种

台湾包种在乌龙茶中别具一格，具有"香、浓、醇、韵、美"五大特点。包种茶因其具有清香、舒畅的风韵，所以又叫做清茶。

文山包种是台茶中的历史名茶，因产于台北文山区而得名，并以文山茶区采制的乌龙茶品质为最优。台湾包种茶素有"北文山、南冻顶"之说，文山包种是包种茶中条形茶的代表品种，冻顶乌龙是包种茶中半球形茶的代表品种。除此以外，台湾包种茶还有松柏长青茶、高山茶、明德茶、金萱茶等特色名品。

干茶： 外形卷曲，色泽墨绿油润。

茶水： 汤色黄绿，有花香略带焦糖香，滋味甘醇浓厚。

叶底： 叶底边缘有红边，叶中部呈淡绿色。

3 乌龙茶的冲泡

1 闽北泡法

紫砂壶冲泡大红袍

步骤:

1 备具 准备茶叶和泡茶用具。

2 投茶 将大红袍拨入壶中,投茶量约壶容积的1/3。

3 正泡 高冲水直到茶汤刚刚溢出壶口。

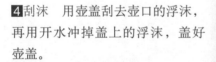

4刮沫　用壶盖刮去壶口的浮沫，再用开水冲掉盖上的浮沫，盖好壶盖。

5淋壶　用茶水淋浇壶身。

6擦拭　用茶巾擦拭壶外沿的水渍。

7出汤　将正泡的茶汤倒入公道杯内。

8擦拭　擦拭公道杯外沿的茶渍。

9分茶　将茶汤倒入品茗杯中。

10品饮　分入品茗杯中的茶汤可慢慢品饮。

② 闽南泡法

安溪盖碗泡铁观音

步骤：

1 备具　准备茶叶和泡茶用具。

2 温烫盖碗　向盖碗注入开水，温烫盖碗。

3 赏茶　将茶荷里的茶叶给品茶者观赏。

4 投茶　用茶匙将铁观音拨入盖碗中。

5 润茶　向盖碗中冲入开水润茶。迅速将润茶的水倒入公道杯。

6 润茶　将公道杯中的润茶水倒入品茗杯，最后倒掉。

7 正泡　向盖碗冲水开始正式泡茶。

8 出汤　将正泡的茶汤倒入公道杯内。将茶汤倒入品茗杯中，就可慢慢品饮。

5→

6→

7

8→

Tips　初使盖碗倒出茶水时很容易被烫到食指或拇指，一定要让盖碗出水的地方位于食指和拇指中间。

3 广东（潮汕）泡法

泥壶冲泡凤凰单枞

步骤：

1 备具　准备茶叶和泡茶用具。掀开壶盖。

2 温壶　向泥壶中注入开水温烫茶壶，最后将温壶的水倒入茶盘中。

3 纳茶　将净白纸上的茶叶投入茶壶。

4 润茶　冲水至满。

5 刮沫　壶盖从内向外水平刮去浮沫。用开水将壶盖上的浮沫冲洗干净。

6 温杯　将润茶的茶水倒入品茗杯中。双手滚动温杯，最后将杯中的水浇淋泥壶。

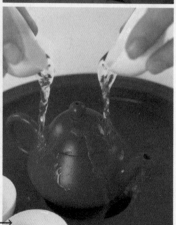

7 正泡　再冲水至满正式泡茶。盖定壶盖，用沸水浇淋茶壶。

8 分茶　"关公巡城"。

9 分茶　"韩信点兵"。

10 品饮　控净茶汤后即可品饮。

 这种最小的，半个蛋壶样、杯口不向外撇的小白瓷杯就是典型的潮汕茶杯。

4 台湾泡法

冲泡冻顶乌龙茶

步骤：

1 备具　准备茶叶和泡茶用具。

2 翻杯　翻转扣在品茗杯里的闻香杯，与品茗杯并立。

3 温壶　向紫砂壶注入开水，温烫茶壶。

4 温盅　将温壶的水倒入茶盅，温烫茶盅。再将温烫茶盅的水倒掉。

5 取茶　将茶叶罐里的茶叶取出。

6 投茶　用茶匙将冻顶乌龙拨入茶壶中，投茶量为1/4壶。

7 润茶　向壶中倒入开水温润茶叶。

8 温烫公道杯　将润茶的茶水倒入公道杯中。

9 温烫闻香杯　用温公道杯的水温烫闻香杯。

10 温烫品茗杯　用闻香杯的水温烫品茗杯。

11 正泡冲水　高冲水直到茶汤刚刚溢出壶口，冲泡茶叶。

12 出汤　将正泡的茶汤倒入公道杯内。

13 分茶　将茶汤均匀分到闻香杯中。再将闻香杯的茶汤倒入品茗杯中。

14 闻香　双手搓动闻香杯闻冻顶乌龙茶的香气。

15 品饮　右手以"三龙护鼎"的持杯方法持杯。

1 喝乌龙茶的环境和心境

环境，对于只喝茶的人来说，并不一定时时都有很高的要求，因为喝了茶常常令人浑然忘我，环境可以忽略不计。

至于说到喝茶的心境，却有点说道。有些人心情舒爽时喜欢喝点绿茶，让心情更加清爽和开阔；有些人慵懒时，想喝点普洱茶，使人更加懒散、怀旧；而有些人喜欢在心情有点郁闷、烦躁，需要通透的东西疏解冲破一下的时候喝乌龙茶。因为乌龙茶茶香，一口茶入嘴，心情顿然打开；一杯下肚，烦闷开始解散；一壶泡完，人的郁闷和不快，也早已抛到九霄云外去了，里里外外透香一片。因此，喝乌龙茶确实是一个不错的开解心愁的好方式。

喝乌龙茶室内要优于室外，如果是室外饮茶，与自然融合的还是绿茶更为妥帖。乌龙茶不但要在室内喝，且要热喝，更要有相应的茶具搭配才好。从台湾乌龙茶的茶艺就可以看出，喝乌龙茶，必须要有一个高的、宽口度有一定要求的闻香杯、品茗杯才算完美。乌龙茶够香，适宜室内饮用、趁热喝、闻香使用闻香杯均为拢香，这些是喝乌龙茶的要点。

乌龙茶与茉莉花茶的茶香有点类似，但是乌龙茶还要更香、更浓、更高。在气候干燥的北方，香气高的花茶、乌龙茶好销，这也是有原因的。中医说，香气可以疏通、开窍，所以人感到身心烦闷时，香气十足的乌龙茶是自然、健康和有情致的首选。

乌龙茶喜欢的水温、壶和杯具

乌龙茶喜欢高水温，沸水方能激发出高香。乌龙茶的泡饮有很多讲究，香气、水温、茶具也很重要。甘甜可口，香气足够、悠长的乌龙茶需要细心去冲泡。

乌龙茶一般都是采摘较为成熟的茶叶制成，所以对泡茶水温的要求与发酵的绿茶、轻发酵的白茶等有所不同，一定是要用100℃滚烫的沸水来冲泡，这样乌龙茶内质的特殊芳香才能在高温的促使下释放出来。水温高，茶汁浸出率高，茶味浓，香气高，才能真正表现出乌龙茶特有的各种韵味。

乌龙茶的茶具以小为佳，所用的茶具精巧可爱、韵味十足。
用这种小壶泡乌龙茶，茶的色、香、味俱佳。广东、闽南和台湾通常喜欢用朱泥小品壶冲泡茶叶。

闻香杯是品饮台湾乌龙茶特有的茶具，闻茶香用，与品茗杯配套，闻香杯与品茗杯质地相同，加一茶托则为一套闻品组杯。

3 平时杯泡乌龙茶最大的要点

茶、水分离，茶叶用量稍少于壶泡。办公室冲泡乌龙茶，或者在家单杯冲泡乌龙茶，尽量使用飘逸杯或者套杯冲泡，使茶叶与茶水分离，茶汤滋味才比较均匀、不苦涩。

飘逸杯更专业，套杯也能泡好茶，并不麻烦。

乌龙茶品饮勿口急，勿长时间、大量、空腹饮茶

喝酒过量会醉人，喝茶不当也会醉人。茶醉或叫醉茶是指因饮茶过量、过浓或空腹饮茶等饮茶不当而造成血液循环加速、呼吸急促，引起一系列不良反应，导致人体内电解质平衡紊乱，进而导致代谢紊乱。

茶醉时，人们常会出现感觉过敏、失眠、头昏耳鸣、胃痛、恶心、站立不稳、手足颤抖、浑身无力、精细工作效率下降等现象。茶醉严重者可发生肌肉颤抖，心率紊乱，甚至惊厥、抽搐。这实际上是由于摄入了茶汤中过多的咖啡碱所致。

解茶醉的方法很简单。只要喝一碗糖水，吃几块茶点心，或喝一两匙醋，过一会儿不适就能缓解。故空腹喝茶前，应先喝一碗糖水或嚼几粒糖为好。茶醉一般不会有太严重的后果，如非常不适，则应及时到医院救治。

关于饮茶的时间

中国人从古至今，都是茶不离饭，饭不离茶。餐是佳肴，茶亦名品，但两者一定要搭配好才能好上加好，否则可能适得其反。
① 用餐前后饮茶需注意，餐前适合喝普洱茶、红茶或花草茶。餐前，人们一般都是空腹的。空腹喝刺激性强的茶容易引起心悸、头昏、心烦的现象，即"茶醉"。同时会降低血糖，让人们感到不适。而红茶、普洱茶深红色的汤色及沉稳香气能促进食欲，调整好进餐时的胃口。
② 餐后适合喝乌龙茶、绿茶、花茶。这类茶有比较重的香气，餐后喝，能带来轻松愉快的心情和气氛。一般在外吃饭，肉类菜肴居多，较适合饮乌龙茶，可解油腻。
③ 进餐与饮茶时间最好相隔半小时。无论是餐前喝茶或是餐后喝茶，最好能和进餐时间相隔半小时，才能达到健康饮茶的最好效果。
④ 吃早饭前最好不喝茶，因为空腹不宜饮茶。需稍吃点东西后再饮。下午饮茶时，如果觉得有饥饿感，则建议喝奶茶，或以点心伴茶。

如何存放乌龙茶

购得好的乌龙茶后，可千万不要忽略存放哦。否则再好的茶叶颜色也会变暗，原本迷人的香气会消失殆尽，茶水的滋味变得苦涩不已。如何才能存放好乌龙茶呢？需牢记：干燥之外，色浅的乌龙茶尽量冷藏，避氧避光；深色乌龙茶存放条件可相对宽松。

1 日常存放乌龙茶的小秘籍

最简单的方法——玻璃瓶贮藏法

将选好的茶叶装进避光的玻璃瓶后密封瓶口，茶叶可长时间香味不变。

省钱的方法——塑料袋贮藏法

取两只无毒无味无孔隙的塑料食品袋，将干燥的茶叶用软白纸包好（或保留原密封锡纸袋）后装入其中一只内，并轻轻挤压，以排出空气。然后用细软绳扎紧袋口，再将另一只塑料袋反套在第一只外，同样挤出空气扎紧，并放入没有气味的木箱里。需要时，再一袋一袋取出。

最常见的方法——罐贮藏法

目前，有许多家庭采用市售的铁罐、竹盒或木盒等装茶，这些罐或盒，若是双层的，其防潮性能更好。装有茶叶的铁罐或盒，应放在阴凉处，避免潮湿和阳光直射。如果罐装茶叶暂时不饮，可用透明胶条封口，以免潮湿空气渗入。各种材质的容器中以锡制茶罐为最好。

家庭存放茶叶最讲究的方法——陶瓷坛贮藏法

用此法贮藏茶叶，选用的容器必须干燥无味，结构严密。常见的容器有陶瓷罐、瓦坛等。将茶叶用牛皮纸包好，置于坛中，在坛中再放置木炭用来吸水防潮。

最实惠的方法——热水瓶贮藏法

将热水瓶中的水倒干净，即使内壁有垢迹或断了底部真空气孔的（也就是坏了）热水瓶也可以，只要彻底晾干水分，然后将茶叶放进去，把瓶塞盖紧。由于热水瓶胆有真空层和胆壁上镀有反射系数较高的镀层，保湿和避光效果较好。

最持久的方法——冰箱密封冷藏法

将密封包装好的茶叶放进冰箱的冷藏室。用时从冰箱里取出启封，拿出所需数量，剩余部分的茶叶仍要密封好，再重新放回冰箱。一般情况下采用此法保管的乌龙茶，即使隔年，也可与当年的新茶无大异。但用冰箱冷藏茶叶时，有两点必须注意：一是要防止冰箱中的异味污染茶叶；二是茶叶必须是干燥的。

2 专业人士贮藏乌龙茶的方法

炭贮藏法 炭贮藏一般适用于乌龙茶和红茶。贮藏前茶叶必须干燥、包裹好，将贮存容器内放入适量的石灰块或干木炭等吸湿剂，以防返潮。木炭与茶叶的容积比为1∶3，即1/3容器的木炭，2/3容器的茶叶（可以用同样的方法将木炭换为石灰块以贮藏绿茶）。

真空贮藏法 真空包装贮藏是采用抽真空包装机，将茶叶袋内空气抽出后立即封口，使包装袋内呈真空状态，从而阻止茶叶氧化变质，达到保鲜的目的。真空包装时，选用的包装袋必须是阻气、避光性能好的铝箔或其他两层以上的复合材料，或选用铁质、铝质易拉罐等容器。

充氮贮藏法 充氮贮藏法适用于高档乌龙茶，比较专业。即用二氧化碳或氮气来转换茶叶包装袋内活性很强的空气，阻滞茶叶氧化反应，防止茶叶陈化和劣变。将袋内空气抽掉呈真空状态，再充入氮气或二氧化碳气体，最后严密封口。此方法较上述两种复杂些。

上述方法如果综合运用，能取得良好的效果。但这些方法为更适合于茶叶经营者。

乌龙茶之保健

1 预防齿垢、防止蛀牙

乌龙茶中含有的茶多酚可以抑制细菌孳生，抑制齿垢酵素产生。饭后一段时间后喝点乌龙茶大有益处。

2 美容

经实践研究证明，长期饮用乌龙茶可以对皮肤起到以下作用：

① 调节皮脂，减少痘痘　乌龙茶具有调节皮脂的作用。
② 保湿　饮用乌龙茶后皮肤角质层的保水能力有所提高。
③ 抗衰老　长期饮用乌龙茶不仅能够提高人体脂肪分解酶效能，还能促进中性脂肪分解酶的代谢，从而达到延缓皮肤衰老的作用。
④ 长期饮用乌龙茶能轻身美体，用泡过的茶叶外敷眼睛，可减轻黑眼圈并有助消除眼袋。

3 美体

乌龙茶被誉为茶中的"瘦身之星"。糖类、脂肪作为食物被摄取后，经过肝脏及小肠进入血液，然后一部分作为体内的能量而消耗，过剩部分则积蓄于脂肪细胞内。

经常喝乌龙茶的人，身体脂肪含有率比其他人低，而且女性减肥的效果比男性显著。这是因为乌龙茶与红茶及绿茶相比，除了具有能够刺激脂肪分解酵素的活性，减少糖类和脂肪类食物被吸收以外，还能够促进脂肪燃烧，尤其是减少腹部脂肪的堆积。

4 调理肠胃

祛风寒，调肠胃。饮用乌龙茶可以调理肠胃，特别是因水土不服引起的肠胃不适。乌龙茶中的陈茶最为有效。

5 消炎杀菌，抗过敏

至今，闽粤地区的人们仍在沿用一个偏方——用很浓的乌龙茶水擦拭被蚊虫叮咬的部位，以消炎止痒。

6 降血压、降血脂

预防高血压和动脉硬化　经专家实验证明，饮用乌龙茶可降低胆固醇含量，提高高密度脂蛋白含量，阻止血栓形成，降低血液黏稠度。

7 抗癌、抗衰老

茶叶中的茶多酚有较强的抗氧化作用，在一定程度上起到抗癌、抗衰老作用。

2 普洱茶

喝着普洱茶，会凭空对它的味道生出熟悉感，

还有，仿佛一丝带着温暖惆怅的微笑，

一张张发黄的老照片的回放，

即使没有经历过沧桑的人也会生出感慨。

普洱茶

——回望前生的悠远陈韵

普洱茶是所有茶叶中最容易令人产生一些关于往事、回忆的情愫的茶，喝着普洱茶，会凭空对它的味道生出熟悉感，还有，仿佛一丝带着温暖惆怅的微笑，一张张发黄的老照片的回放，即使没有经历过沧桑的人也会生出感慨。年轻人从普洱茶中感受岁月和沧桑；中年人与普洱茶息息相通，万般苦乐与磨难皆在若有若无的怅然中流动；老人在普洱茶中感受到的是亲切、熟悉和平和，往事不用回望。

说普洱茶有性格，一点没错的。普洱茶分生、熟。生普洱茶是所有茶叶中人为加工痕迹最小的茶叶品种之一，而熟普洱（人工熟茶）是人为加工痕迹最重的茶。人们买生茶多半是用来放着，过一阵，一年半载、三年五载、十年八载拿出来泡一壶，感觉茶的变化和自己的年华逝去；买熟茶多半是一直慢慢喝着，体会未曾经历的、正在经历的和已经流逝的岁月。生普洱茶与熟普洱茶滋味迥然不同，但韵味相同，并且如果你能支付最昂贵的时间等待，生普洱茶最终将和熟普洱茶韵、味相同，殊途而同归，由韵味的归一而终至回归到相同的一片片树叶，这是普洱茶的今生、前生和来世。

普洱茶印象已牢牢地和云南雨季里一切都微微潮腐的味道、马帮的传说、清宫御用、深山茶林里的原驻民族的神秘风习等相联系。现在，除了云南雨季里的味道，其他都已成往事。所以，普洱茶好像不属于现在，它带有太强烈的穿越感，满载着悠悠往昔的信息，因而时尚得有时令人难以理解。

好像听着《阿兰胡埃斯之恋》，流逝的怅然和流逝中的激荡并存，让我们暂时回望前生，沉浸于或有或无的世事慨叹。这就是普洱茶的悠远陈韵吧……

一 普洱茶之性格

1 普洱茶产自彩云之南

1 茶树的发源地

中国人最早采摘和制作茶叶，最早开始饮茶， 中国是茶的发源地，而云南是全世界茶树的原产地，也是普洱茶的故乡，那里拥有丰富的古茶树资源。

云南高山林立，气候温和，雨量充沛，遍地都是各种各样郁郁葱葱的植物。云南现在有高等植物一万多种，占全国的一半以上，故云南有"植物王国"之称。茶树适宜在热带、亚热带生长繁殖，是在云南深山老林中植物大家族中的一员。

世界上茶科植物共23属380多种，分布在中国西南部的就有260多种，其中以云南分布最多。据中国科学院统计，仅云南腾冲一个县境内，就发现有8属70多种。中国植物分类学家将茶树植物分为山茶科、山茶属茶亚属、茶组。茶组植物世界上共有 40个种，中国分布有39个种，云南就占了33

Tips 在云南，发现存活最古老的三株茶树：思茅地区镇沅县千家寨的野生型茶树，树龄2700多年；思茅地区澜苍富东乡邦葳村的过渡型茶树，树龄1000多年；西双版纳州勐海县南糯山半坡寨的栽培型茶树，树龄1000多年，现在这棵树正在枯萎。

个种，云南至今还生存着一两千年树龄的野生大茶树，这些足以说明云南茶树品种资源丰富。

经过专家们的努力和证明，云南大叶种茶无论野生型或栽培型，均属于简单的、低级的新陈代谢，具有古老茶树的生物学特征。科学家们因此认定——"云南是茶树起源地"。

2 普洱府、普洱茶

普洱茶是云南特有的茶叶品种。普洱是云南的一个地名，为哈尼语，"普"为寨，"洱"为水湾，意为"水湾寨"，带有"家园"的含义。普洱是普洱茶的故乡，普洱茶之名为"普洱茶"，是因普洱府而得名。

公元1729年，雍正皇帝设置普洱府，普洱府治所（官衙）设在现在的宁洱，普洱府下辖现在的普洱市（原思茅市，于2007年4月更名为普洱市）、整个西双版纳州和临沧部分地区。这一地区就是"古普洱府"。普洱府是普洱茶的原产地和集散地。

普洱茶早就赫赫有名了，明代时"士庶所有，皆普洱茶也"，到了清代，普洱茶迎来一个鼎盛时期，远销茶叶号称十万担以上，宫廷将普洱茶引为贡茶，并在普洱府增设官茶局。一时间王公贵族追捧普洱茶，文学家曹雪芹将普洱茶写入了《红楼梦》。

清末以后普洱茶渐渐式衰，但仍是中国人妇孺皆知的茶，更被东南亚华人视为故土的滋味的茶。

 古普洱府。用古普洱府地区茶树（大叶种茶树）的鲜叶制作的茶叶，是认定普洱茶的第一个条件。

2 和普洱茶一起炙热的茶马古道

茶马古道是伴随着茶叶的生产、运输、销售而兴起的。

据光绪《普洱府志》载，普洱茶早在唐代就已行销西蕃。明末清初，为了方便向京城进贡普洱茶，便由普洱到省城昆明修了一条"官道"，铺设了一些不甚规则的方形、长形石条，这条道成了商旅行人骡马运输茶盐来往的交通要道。

古道上马铃清脆，青石路曲折。听上去很是浪漫，然而实际情况全然相反，滇藏地区特殊的地理地貌给运输带来了难以想象的困难。茶马古道是多少年来赶马人在群山峻岭、浩茫的原始森林中踩出的路，古道上山峦叠嶂、乱石嶙峋，加上野兽毒虫、风寒雨雪、曝晒骤冷，马帮演绎的是生死、血泪的传奇。一路无论多高的山仅凭一双脚，湍急的水面靠皮筏和溜索横渡。道路常常和雪水的溪流不分，行走极其艰难。马帮时而登上寒冷的雪山，时而降到炎热的河谷地带，一日气候数变。骡马被吊在索道上时惊恐的眼神令人难以忘怀。

普洱茶被包在笋壳里，一路上经风吹、雨打、日晒，在潮湿闷热、青草野花，甚至骡马的体温等多重作用下散发着原野的气息。也许是饱蘸艰险和血汗，普洱茶的浓郁陈香和厚润甜滑才更加丰富和独特。马帮虽然消失了，但在品饮普洱茶时仍然会令我们遐想。

 以普洱为中心的五条著名茶马古道是：
≫ 官马大道，由普洱到昆明，再销往内地各省。
≫ 滇藏茶马大道，由普洱经景谷—景东—南涧—下关—丽江—中甸（今香格里拉）进入西藏。
≫ 江莱茶马古道，由普洱经江城到越南的莱州。
≫ 旱季茶马古道，由普洱经澜沧到勐连，最后入缅甸。
≫ 勐腊茶马古道，从勐腊到老挝。

与普洱茶伴生的人们怎样用茶

与众多产茶区不同，普洱茶产茶区有着多样的民族人文色彩。普洱茶产区主要集中在思茅和西双版纳州，那里多民族和睦相处，他们世代和茶树一起繁衍生息。傣族、布朗族、佤族、基诺族、白族、彝族、哈尼族、拉祜族等民族的人们穿着色彩斑斓的民族服装，配饰夸张奇特，斜跨着小竹篓，踮着脚采摘过头高的茶树嫩叶，有时甚至灵巧地爬到高高的茶树上去采摘茶叶，简直是活生生的"云南印象"。他们的衣食住行、婚丧节庆等都与茶紧密相连，婚嫁中有说亲茶、订亲茶、过礼茶、回门茶等，节庆时以茶为祭，重要的日子由族中长者带领去祭拜村中最古老的茶树，以求丰衣足食、健康多福。

和茶树相依为命的民族对茶的利用方法的丰富程度超乎想象。

1 烤茶

普洱茶产区多个少数民族都喜欢用土罐放上茶叶，一边烤一边颠，把制成的晒青毛茶烤得焦香扑鼻，再冲入沸水，浓浓酽酽，噼啪爆响，香气四溢。茶水颜色深浓的黄色，极具产区特色。

2 竹筒茶

就地取材，采下茶叶，砍段竹子。野外劳作间隙，架起火，把鲜茶叶烤一烤填进竹筒里，再向竹筒里添满水，把竹筒放在火边煮茶，煮沸茶水后就成了竹筒茶。竹筒茶清清淡淡，竹香怡人，如果煮久点味道更香浓一些。

烤茶

竹筒茶

3 酸茶

酸茶一般在五六月份制作，将采回的鲜叶煮熟，放在阴凉处十余日使其发酵，然后放入竹筒内再埋入土中，经月余即可取出食用。酸茶是放在口中细嚼咽下食用的，它可以帮助消化和解渴。酸茶是贵重食物，只有重大节庆或贵客临门才会取出分食或作为珍贵礼品馈赠。

4 凉拌茶

普洱茶产区至今仍保留着用鲜嫩茶叶制作的凉拌茶当菜食用的方式，是极为罕见的吃茶法。将刚采收来的鲜嫩茶叶揉软搓细，放在大碗中加上清泉水，随即投入黄果叶、酸笋、酸蚂蚁、白生、大蒜、辣椒、盐巴等配料拌匀，便成为基诺族喜爱的"拉拨批皮"，即凉拌茶。凉拌茶其实是中国古代原始食茶法的遗存，说凉拌茶是一种饮料，还不如说它是一道菜更确切。

酸茶

凉拌茶

4   最被人关注的问题——陈年

"可入口的古董","越陈越香",普洱茶以"陈"为贵,有"祖父做孙子卖"的美誉。一般都认为"越陈越香"是普洱茶区别于其他茶的最大的特点,其品质的确有随存放时间延长而不断优化的特点。

不过这里所说的越陈越香是只针对普洱生茶来说的,指生茶在时间的作用下,慢慢发酵,有存放越久越好的说法。但是,对于普洱茶存放年限是多少年,最佳饮用年份是多少,这些问题就算是业内人士也很难给出一个准确的界限。在北京存放十年的生茶,茶色将将转深泛褐,喝来仍离"熟"相去甚远。

普洱茶的"越陈越香",不仅仅指普洱茶的香气变化,更是普洱茶汤色、滋味等内在品质的渐进佳境,在那漫长的陈化过程不论是普洱生茶还是普洱熟茶,都是品质要素不断调和的过程。这些在陈化中变化的过程是普洱茶动态的生命力的集中体现,随着岁月穿梭,每一款普洱茶,所带来的已不仅仅是生理感观上的品饮,而是爱茶人心灵上的一种美妙享受。

但是,事物都是具有两面性的,普洱茶也是一样。"越陈越香"的最佳时期的维持时间是有一定限度的,绝非无限度的"越长越好"。如普洱茶陈化到最适合饮用的最佳状态,就应密封贮存,以免继续发酵,造成茶性逐渐消失。现在所流传下来最陈旧的,是北京故宫中的普洱茶金瓜贡茶,约有两百年的历史,其茶"汤有色,但茶味陈化,淡薄"。可见,上百年的普洱茶,其文物价值就远高于其饮用价值了。

"越陈越香"更多的是人们向往和追求的一种韵味。

1 比较被关注的问题——茶树树龄

古茶树？乔木茶？台地茶？茶树的演进和传播，是从起源于云南南部的有主干的高大茶树，通过几条迁徙线路向北、向东、向南逐渐传播的，随着迁徙地温度、湿度越来越低，茶树抗寒、耐旱性越来越强，茶树树形、茶叶叶形也越来越小，成为没有主干的低矮灌木。

云南的茶能长成树，叶片大。茶鲜叶来自多大年龄的茶树，对普洱茶的品质有一定影响。

1 乔木茶

什么是乔木茶？首先看看什么是乔木。乔木是有明显直立的主干，植株高大，分枝距离地面较高，可以形成树冠的植物，一般将乔木称为树。乔木茶就是从有主干、高大、有树冠的茶树上采摘的鲜叶制成的茶。相对而言，乔木茶比台地茶更加古老、原生态和健康，少了许多人为因素，如使用化肥、农药等，更符合现代人的崇尚回归自然的心理要求，其价位通常也要高于台地茶。

2 古乔木茶

古乔木茶则给乔木茶在乔木型树形的基础上加了一个年限。茶树成"树"至少需要100~200年，因此可以这样理解，古乔木茶采自树龄至少两三百年的茶树。云南西南部的崇山峻岭是世界茶树发源地带，"文革"以前，普洱茶产区（古代、现代六大茶山地区）里，二百至八九百年的古茶园比比皆是。但古乔木茶产量低，后来为了提高单位面积的茶叶产量，茶农大量砍伐古茶树，砍伐后从古茶树的根部再长出较矮小的茶树，同时大量种植台地茶，以便于采摘和管理、提高茶叶产量。

尽管曾被大量砍伐，目前云南仍有很多的古茶树，千年以上的茶树王以外，树龄800多年的南糯山过渡型茶树王、景迈山的万亩千年古茶园，还有很多树龄在两三百年的古乔木茶园。

 古乔木茶树、
叶片和茶园。

3 台地茶

现在，云南茶区有大片大片漫山遍野的低矮灌木茶，置身其间仿佛徜徉于江南茶园。

台地茶是人工种植的灌木型茶树，通过采摘、修剪等管理，这类茶树矮小、主干不明显、种植密度大，树体生长发育空间小，叶间距小。这类茶树鲜叶具有外形芽叶细小、叶质较薄、制成的晒青毛茶条索纤巧等特点。

台地茶又名基地茶、茶园茶。云南山多，茶农们顺山势开垦土地，把茶树种在开垦成一阶阶台阶一样的山坡上，故名"台地茶"。

乔木茶茶树生长年龄远远高于台地茶，茶鲜叶的内含物质会有些许的不同。原料产地的不同、加工过程的把握、存放环境或人工渥堆技术的掌握等因素直接影响普洱茶的品质，因此茶汤口感层次的细微不同，并不代表乔木茶与台地茶品质的绝对优劣。

Tips 鉴别乔木茶和台地茶原料主要看以下几个方面：一是颜色，无论生茶和熟茶，凡干叶萎黄，颜色黑、沉、不鲜亮的一般是台地茶，而干叶为有白毫、银白光亮夹杂其间的，则应为乔木茶；二是亮度，乔木茶发亮而台地茶乌暗；三是看叶底背面正中的那条主叶脉，轻轻拉断，感觉粗韧，可见其间纤维的为乔木茶，脆嫩的为台地茶。但对于买茶人而言，除了以上几点外，还要开汤品鉴后才能确定。

2 最常被论及的话题——生与熟

生茶是最有特色、最有性格的绿茶，熟茶则把那些体现生茶特色的内质转化为同样风味突出的茶香茶味。

云南大叶种是中国云南特有的茶树品种，走过野生型——过渡型——人工栽培型的演进过程，一般茶叶叶片长12～24厘米，有革质感，比其他茶树品种叶片厚韧。世界上所有的茶树都是由野生大叶种茶树经过不断的迁徙和人工驯化而成的，因此云南大叶种茶树有着其他地区大叶种和中小叶种茶树所没有的特质，带有原始和原野的气息，茶树品种是耐长久存放的重要条件。

采摘大叶种茶树的鲜叶，通常采摘一芽三叶，经简单地锅炒杀青用高温破坏鲜叶的酶活性，除去青草气，蒸发鲜叶中的水分，释放鲜叶中的香气，之后揉捻，使茶叶成索，再晒干就是晒青毛茶。

1 生茶，晒青毛茶——最有特色的绿茶之一

生茶就是从云南大叶种茶树上采摘的鲜叶经过杀青、揉捻、晒干成晒青毛茶（散茶），再压制成各种紧压茶。生茶其实就是晒干的绿茶，也称"晒青茶"，因其是经过简单初加工的普洱茶原料茶，故称"毛茶"，又因是产于云南的晒青茶而被唤作"滇青"。很多名字，其实说的是一种东西。

因茶树品种决定，生茶茶性较强，比其他品种茶树加工制成的绿茶滋味重，甚至可形容为浓烈、霸道。用好的原料制成的生茶最完美的结果是在适宜的温度、湿度下自然存放5～10年，甚至20年、30年（存茶的地点在云南或是在北京，由于温度、湿度的差异，相同的时间里，生普洱茶发酵的程度相差很大），使茶中刚烈硬朗的茶性逐渐通过自然环境发酵转变得柔和深沉，成为自然陈化的普洱茶熟茶，拥有这个过程，等待生茶的锐香变成陈韵是普洱茶给人的绝大精神享受，令人渴望而难及。

生茶干茶色泽墨绿，汤色明亮黄绿，滋味较生涩、刺激，少量的茶叶泡出的茶水就像普通的绿茶茶叶量过大泡浓了一样。但苦涩过后舌底、喉咙回甘也较其他绿茶强烈。因其刺激性较强，会使舌面和喉咙发紧，初饮者时可能给肠胃带来不适。

Tips 大叶种茶树鲜叶制成的晒青毛茶，这是普洱茶的原料要求。

2 熟茶

生茶经过长时间的自然发酵变成熟茶，或渥堆（即人工发酵）快速发酵，使普洱茶在短时间内就能达到贮放多年的品质的熟茶，两者都是熟茶，只是目前市场上人工发酵的熟茶占据大宗数量。人工渥堆制成的熟茶经过一段时间的贮放茶性更加稳定，性价比合适，是日常饮用的佳选。

无论自然发酵的熟茶还是人工发酵的熟茶，都有相同的鉴别标准。品质好的熟茶干茶色泽褐红或深栗色，俗称"猪肝红"，汤色红浓透明，滋味醇厚，顺滑回甘，无霉味或其他异味。熟茶茶性温和，尤其适合中老年人的身体，对肠胃不适、高血脂、高血压等多种不适具有调理的作用。

3 普洱茶都是茶饼吗

普洱茶的形状有多种多样，有饼茶、沱茶、南瓜茶、心形茶、宝塔茶、蘑菇茶等，其中饼茶是最为常见的普洱茶。

品质好的普洱紧压茶形状完整，有棱角，不损面，表面光滑，压制松紧适度均匀，色泽与散茶无异。最常见的普洱茶形态为：

1 饼茶

压制成饼形、七饼打成一包的，称七子饼茶，传统茶饼应为400克一饼，42饼为一筐，是按当时运茶的马种（高矮）和放茶的竹筐（大小）而定。但现在从原料、运输、成本等方面实际情况考虑，大多数茶饼为357克，84饼为一筐。现在市场上销售的还有200克、250克、500克、3000克等多种规格的茶饼。

2 沱茶

制成碗臼状的紧压茶叫沱茶，市场上有100克、250克、500克的沱茶。也有5克、10克一个的小沱茶。

③ 砖茶

制成砖块一样的茶就是砖茶。一般有250克、500克的砖茶。

④ 南瓜茶

制成南瓜形状的茶称为南瓜茶。此种茶一般可以有饮用和摆饰两种用途。作为饮茶的茶一般茶叶原料好，价格高；作为摆饰用，一般茶面是条索完整的茶叶，里面用茶叶梗或者茶叶渣压制成。很多专营普洱茶的店铺或者普洱茶馆都用数个大小不一的南瓜状普洱茶，堆成一人多高作为摆饰用。当然，也有些实力的店主即使是摆饰用的南瓜茶原料也是采用上等的普洱茶。

沱状普洱茶　　　　　　　　　　砖状普洱茶

葫芦状普洱茶　　　　　　　饼状普洱茶　　　　　　　　南瓜茶

4 熟普洱从细到粗的分级对比

"熟普洱从细到粗的分级"是指原料，即晒青毛茶的分级。粗好细好，难以简单以好坏评价。历史上除进贡朝廷的普洱茶用料精细以外，大宗普洱茶都是用粗老原料制作。

现在为迎合市场需求，普洱茶也同别的茶一样，有原料级别之分，级别高的普洱茶芽头多，级别低的叶梗多。原料细嫩的普洱茶口感更柔和更甘甜，原料粗老的普洱茶风味更硬朗更有个性。

过去普洱茶主要消费区的藏族同胞更喜欢粗老茶，而进贡朝廷的茶则多用春尖等细嫩芽头压制。原料细嫩或条索粗壮无法简单地以好、坏评述，还是那句话，滋味各有千秋。

原料细嫩的茶饼　　　　　　　　　　　　原料条索粗壮的茶饼

普洱茶的鉴赏

普洱茶对于人们来说比较神秘，它有太多的不确定因素了，不同的地方存放的普洱茶就算存放时间相同，其结果也是不一样的，这些都是普洱茶吸引人的地方。

1 熟普洱茶

宫廷普洱饼茶

原料细嫩的熟饼，自清代雍正年间开始，宫廷将其列为贡茶，每年由普洱府监督制造，并由马帮运送至京城进贡朝廷。因此"宫廷普洱"在普洱茶领域中已经由最初的"进贡给宫廷的普洱茶"，转而变成今日的一种茶叶等级，凌驾于后面从一级原料茶开始排列的普洱茶等级之上，市场以"宫廷级普洱散茶"多见。而宫廷普洱饼茶仅有勐海茶厂的"宫廷普洱饼茶"较为规范。

宫廷普洱饼茶同女儿贡饼茶一样，选料极为严格，每50千克左右的优质晒青毛茶原料，经人工拣剔、分筛提毫等工序，仅能精选出500克左右的芽茶，积数年的茶菁，于2004年经成熟的渥堆工艺发酵后压制成每饼200克重的饼茶，因原料级别极高被冠以"宫廷"之名。

干茶：工整、饼圆，条索紧结细嫩，色泽光润，金毫披身。

目前，女儿贡饼茶和宫廷普洱饼茶在市场上几乎有价无市、有市无货，但提及上乘原料的普洱茶难以回避这两款普洱茶。购买宫廷普洱散茶时不可盲目崇信"宫廷"二字，还是相信自己的感官，品尝比较后再购买。

茶水：汤色红浓明亮、汤厚挂齿、口感温和细腻、喉韵回甘，有汤氲（读"晕"，指茶汤表面好像漂浮着的一层烟雾）浮出。茶汤柔和、茶香绵长是宫廷普洱饼茶的显著特征。其滋味为业界公认为标准的"勐海味"。

叶底：褐红肥嫩，可以看出全部是细嫩芽头。

樟香熟普洱茶

普洱茶带有樟香也是一个被人津津乐道的话题。通过对专家的走访发现，樟香味可以在制作普洱茶的几个环节中人为添加，比如燃烧樟木烘干揉捻后的毛茶。但无论怎样，人为处理的樟香味只能停留不长的时间，一个月后，表面的樟香味会迅速挥发掉。那么真正的樟香味普洱茶是怎样产生的呢？

真正的樟香是由于樟树与茶树间种，通过土壤、根系等自然生物环境，使茶叶从骨子里就带有隐隐的樟香味。只有这样的茶才能禁得住长久存放，即使是经渥堆发酵后，冲泡出的茶香中还有樟香味。

与此同时，樟树和茶树间种不仅使茶叶的香和樟香互相渗透，还由于樟树的特殊气味起到驱虫、防虫的作用，免去了施用农药杀虫的环节，使茶更绿色、安全。这类茶在内地市场较少见，主要是销往东南亚等地，或者内地茶商按需求定制，因此价格较高。

本图茶样取自曾氏樟香普洱熟茶，生产者曾云荣先生是享受国家特殊津贴的茶叶专家，也是最早利用樟树在茶园中与茶树间种的普洱茶专家。

干茶： 条索紧结、肥厚，与其他普通熟饼并无太大差异。

茶水： 红浓明亮；滋味顺滑，回甘，带有厚重的樟香。

叶底： 褐红、油润。

普通熟茶

茶样取自云南思茅茶叶市场，在普通熟普洱茶中口感、滋味较好、价格适中，茶香干净，具备优良品质熟茶的特点。若不谈收藏，只从品饮的角度上选购普洱茶，只要价钱适中，茶的品质——汤色、口感以及香气好，就是适合自己口味的好茶。

干茶： 红褐色，条索整齐端正、棱角分明、松紧适度、模纹清晰。

茶水： 汤色红浓，陈香馥郁，滋味纯净、顺滑。

叶底： 叶底红褐。

2 生普洱茶

生普洱茶是没有经过人工发酵，用晒青毛茶直接压制，自然陈化的普洱茶。生普洱茶在存放的过程中受诸多元素的影响，比如地域、环境、时间等。

在同一个时间段购买的普洱茶，存放在不同的地方，其结果是不一样的。

在云南，由于受环境的影响，空气潮湿，温度适中，普洱茶发酵就会比较快，也许2年的时间，茶品的滋味就可以很好，茶汤颜色也会比较红了。而在北京，气候比较干燥，即使放上2年、3年，干茶茶品的颜色还跟刚买时没多大变化，存放10年的茶跟在云南存放了1年的感觉差不多。

所以，同一款普洱茶同一时间购买，存放的地方和条件不一样，就会呈现出不一样的结果。这就是普洱茶令人着迷的原因。因为普洱茶的这种不确定因素，造成了普洱茶难有一个统一标准，也造成了普洱茶不同风味的独门特色。

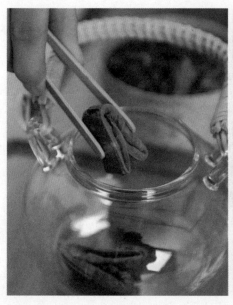

存放在云南的普洱茶生茶：

存放了5年的普洱茶生茶

茶水：汤色淡红鲜亮，香气纯高；滋味醇厚、回甘，略带一丝生涩。

干茶：色泽由墨绿转为褐红，条索分明。

叶底：褐色偏红，比较完整，有弹性。

存放了10年的普洱茶生茶

茶水：汤色淡红鲜亮，陈香显现，滋味醇厚、回甘、生涩味道几乎退尽。

干茶：色泽褐红，条索紧结、分明。

叶底：褐色偏红，比较完整。

存放了20年的普洱茶生茶

茶水：汤色红浓，5、6泡后转淡，煮后汤色红艳、滋味不减，陈香浓郁，前2、3泡略带土味，之后滋味纯而不杂。

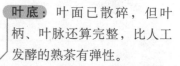

干茶：茶叶条索支楞八翘，像树根盘根错节，颜色呈褐红、暗淡。

叶底：叶面已散碎，但叶柄、叶脉还算完整，比人工发酵的熟茶有弹性。

存放在北京的普洱茶生茶：

存放了2年的普洱茶生茶

茶水： 汤色金黄、清透明亮；滋味醇和，回甘强，有淡淡的糯米香，耐冲泡。

干茶： 工整、匀称、条索紧细显毫、色泽青绿乌润。

叶底： 叶底色泽青绿油润，完整。

存放了5年的普洱茶生茶

茶水： 金黄明亮、透澈；香高，滋味醇和，回甘好。

干茶： 条索紧结分明，芽叶壮实，白毫显露。

叶底： 叶底色泽青绿油润，完整。

3 特色普洱茶

老茶头（熟普洱茶）

老茶头，是在人工渥堆发酵时，因为温度、湿度及翻堆等原因，使部分毛茶结块，不容易解开而形成的块状普洱茶，茶厂将这些茶块拣出，即为"茶头"。因为结块的缘故，茶块外面的茶充分发酵，块结心里的茶叶还有没完全发酵的，所以茶头因此而滋味非常独特，既有熟茶的陈香，又有生茶的甘爽，越到后面几泡，生茶的甘爽越是显现，其特色绝对是生熟拼配茶或生熟调饮茶所不能及的。用拣出来的块结作原料蒸压后做成的茶饼，或是不经压制的散块茶，即为特色普洱茶"老茶头"。其汤色醇红如酒，入口顺滑，清香回甜，口感一流，耐泡。

茶水：汤色醇红如酒，入口顺滑，滋味陈香甘甜。

叶底：叶底红褐，也有的中间带有墨绿，因结块、发酵不完全造成的。

干茶：色泽与熟茶同，条索感不强，为不规则块状。

Tips 老茶头比较紧结，不容易解开，用普洱刀撬时要小心，以免伤到手。

普洱茶膏

在茶膏溶成的茶水中，可以品尝出你能闻到的所有的普洱茶香。普洱茶膏，以前曾是清廷的特色贡品，现已几乎不见，有新研制的茶膏或茶粉，非常昂贵。据清代赵学敏著《本草纲目拾遗》上说：普洱茶膏黑如漆，醒酒第一，绿色者更佳，消食化痰，清胃生津，功效尤著。

因为非常罕见，更加重了人们对普洱茶膏的向往。普洱茶膏之所以难得一见，是因为其造价过于昂贵，且制作工艺曾失传了一个多世纪，目前掌握制作茶膏工艺的人少之又少。

图中的茶膏为实物原大，茶膏重量约为300克。这碗茶膏是易武抱朴轩刘湛先生依据自家祖传技艺，经过多年实验，恢复茶膏传统制作工艺，于2007年4月制成，使用了147千克采自落水洞古茶园的乔木茶春茶芽头。而2007年此地乔木茶晒青毛茶的收购价格已达每千克500元。

这样昂贵的普洱茶膏普通人是难以接受的。普洱茶膏的特点是冲水即溶，杯内不留残渣，浓淡易调节。冲泡普洱茶膏的方法比较特别，温杯后，在大盖碗中注满沸水（目的是让里面的小盖碗保持一定的温度，以利于茶膏的溶解），把一个小盖碗放入大盖碗中，放入2克茶膏，注入沸水，即刻可见茶膏在沸水中渐渐晕开，如水墨画，随着普洱茶膏的不断溶解，碗底的茶汤慢慢转为红浓，再稍待片刻，用茶匙轻轻搅匀，一杯独特的普洱茶茶汤就呈现在眼前。

干茶： 外形如焦似炭，轻嗅茶膏，有一种类似红糖、蜜枣的焦香和普洱茶的茶香。

茶水： 颜色呈枣红色，有茶香。茶汤入口微苦，之后有一丝淡淡的轻甜，非常纯净，再品口腔生津，茶汤温和柔顺，滋味非常独特。

叶底： 注水后，即可见茶膏在沸水中渐渐晕开，如水墨画。

Tips　普洱茶茶粉是近几年研制出的速溶普洱茶，或者可以看做是茶膏的粉状形态。普洱茶粉冲泡后细腻的茶粉完全融化，质量级别较高的茶粉冲泡的茶与用茶膏冲泡的茶有异曲同工之妙。同普洱茶茶膏一样，普洱茶茶粉价格昂贵，一般人无法作为日常饮料享用。

螃蟹脚

螃蟹脚是寄生在几百年树龄的古茶树上的多年生草本寄生物，学名叫"茶茸"。我们把它也列为一种普洱茶，是因为它和普洱茶的关系太密切了，不仅长在老茶树上，煮饮方式和品饮方式都和普洱茶相似，其保健功效甚至超过普洱茶，而且更耐煮耐泡，是难得一见的茶中珍品，绝对魅力独具。

此"茶"采自景迈山上。现在市场上的螃蟹脚价格昂贵，一般价格在每500克1千元以上。

干茶：（散茶）形状像螃蟹的"脚"，故名"螃蟹脚"，本茶样为已存放三年的螃蟹脚，颜色呈褐红。

 》 螃蟹脚采下晒干后颜色与生茶相近，存放后转褐红色。

》 螃蟹脚煮饭更佳。

茶水：茶汤浅黄色；滋味醇和，有层次感，回甘爽甜，有浓郁的清香。

叶底：颜色褐红，韧性强，不易折断。

谷花茶

谷花茶的特色在于它的原料，它是选用立秋之后茶树上盛开的茶花，与秋茶的晒青毛茶混合后压制成的饼茶。谷花茶有茶之味、花之香，与纯粹的茶叶相比更别有一番风味。

谷花茶不属于大宗商品，市场上比较少见，只有到产茶区当地才比较多见。

此茶样采自云南易武易田村。

从茶树上采摘下来的茶花在太阳底下晾干，带有淡淡的清香和浓郁的日光味道。最初的谷花茶是指在稻谷开花的季节采制的茶叶。而这里的谷花茶是因茶与茶花共同压制而得名，与秋茶的别名"谷花茶"不是同一概念。

干茶：茶叶条索肥壮、紧结，茶朵完整、金黄。

茶水：汤色金黄、明亮，滋味回甘，带有花香。　　**叶底：**茶叶完整，花朵完整。

2 普洱茶之泡饮

1 时下流行的普洱杯

茶杯可以选用一般的品杯，质地不拘，但以大一点的饮杯为更好。

现在市场上已经出现一种比功夫茶具品杯大的茶碗，广口，容积约200毫升，更有些大杯像小饭碗那么大。店家会告诉你这种茶杯是"喝普洱茶的"，这说明用这样大小的茶杯饮普洱茶已成为一种需求。用厚壁、大杯、大口的杯饮茶，这既适合普洱茶醇厚温和的特性，也更贴近普洱茶原野、粗放的气质。

选择白瓷或青瓷杯比较便于观赏普洱茶的汤色，也可用玻璃茶杯。

除较大的品杯外，飘逸杯可以算办公室最常见的泡饮普洱茶的器具了。

② 普洱茶冲泡的特殊之处

水温控制

冲泡普洱茶时，用细嫩的芽头为原料制成的普洱茶，如勐海茶厂生产的宫廷普洱饼茶、女儿贡饼茶等，水沸腾后要稍稍放置再泡茶，避免高温将细嫩茶烫熟成为"菜茶"。其他大多数普洱茶饼茶、砖茶等宜用沸水冲泡。

醒茶

在冲泡普洱茶时，需用开水醒茶（润茶），做法是冲入少量沸水后立即倒出，如此动作进行1、2次，速度要快，以免茶中可溶物质较多地释入水中，影响冲泡时茶汤的滋味。

普洱茶制作工序多，制茶经历的时间较长，储藏越久越容易被灰尘等物污染，醒茶可以涤尘净茶，但冲泡品质较好的普洱茶要注意，不应多次、高温、长时间醒茶。另外，普洱茶散茶和紧压茶都难免有一些块结，醒茶可以帮助茶叶均匀展开；对于年份较老的老茶，通过醒茶可以去除普洱茶的杂味，将普洱茶沉寂多年的茶性唤醒。

因此，润茶对于冲泡普洱茶是一个必不可少的过程。

茶叶的粗细与耐泡

从茶叶的原料来说，茶叶越细嫩，其冲泡次数就会越少，反之则越多。粗老的茶叶比较耐泡，主要是因为茶叶在冲泡过程中，粗老的茶叶在慢慢释放物质，越老的茶叶内含物质越多，越耐泡。

出汤快

冲泡普洱茶时，尤其是冲泡普洱熟茶的前几泡，冲泡时，动作要快速，将茶汤马上倒出来，否则茶汤会比较浓稠，普洱茶茶水的滋味不佳。

③ 普洱茶的泡饮

飘逸杯泡饮普洱茶

步骤：

温烫内胆　将水冲入茶杯内胆中，清洁温烫内胆。

②温烫品杯　轻按小钮，让内胆中的水流入杯中。

③倒水　将温烫茶杯的水倒入水盂里。

④投茶　将准备好的熟茶，投入内胆中。

⑤内胆放回　将内胆放回到茶杯中。

⑥润茶　将开水注入内胆中。

7漏水　盖好杯盖，按住小钮，使润茶的水流入杯中。

8倒水　将润茶的水倒入水盂（或将内胆置水盂上按下小钮）。

Tips　单杯泡普洱茶，投茶量是平常壶泡普洱茶的三分之一，否则茶汤易浓，影响口感。

9正泡冲水　将开水冲入到内胆中。

10出汤　将内胆拿起，按住按钮，出汤。

11倒茶　将茶杯中的茶倒入品杯，或取出内胆直接用杯饮茶。

12品茶　一个茶杯兼有壶和公道杯的功用，快捷方便，茶一样好喝。

小壶冲泡普洱茶

步骤： **1**取茶　将陶瓷罐里的散茶取出，放入茶荷。

2赏茶　因散茶未经过压制和解散的过程，茶外形比较整齐。

3温烫茶壶　将开水冲入壶中，提高壶的温度。

4温烫公道杯　将壶里的水冲入公道杯中，温烫公道杯。

5温烫品杯　用温烫公道杯的水依次温烫品杯。

6倒水　将温烫品杯的水倒入水盂中。

7投茶　将茶漏放在壶口，将适量的熟茶拨入茶壶中。

8润茶　将水注入壶中，注满润茶。

9刮沫　将壶口上的浮沫刮去，盖上壶盖。

⑩倒水　快速将润茶的水倒入水盂里。

⑪正泡　将水沿壶边缘冲入壶，盖好盖子。

⑫出汤　将滤网放好，持壶将茶汤快速倒入公道杯中。

⑬控净茶汤　将壶中的茶汤控净。

⑭分茶　将公道杯里的茶汤均匀地分到品杯中。

⑮奉茶　双手奉茶给客人品饮。

普洱茶还能这样泡

盖碗冲泡普洱茶

步骤： **1** 撬茶　用茶刀撬取适量的生茶，动作轻缓，尽量少碰碎茶叶。

2 备茶　将撬取的茶叶放入茶荷备用。

3 温烫盖碗　将开水冲入盖碗中，保证泡茶时的水温。

4 温烫公道杯　碗盖斜盖，将盖碗里的水倒入公道杯中。

5 温烫滤网　用公道杯里的热水温烫滤网四壁。

6 温烫品杯　用公道杯里的热水温烫品杯，洁具、升温。

7 倒水　依次将品杯中的水倒入水盂。

8 投茶　将准备好的茶拨入盖碗中。

9 润茶　将开水沿盖碗边冲入盖碗中润茶。

10 倒水　迅速将润茶的水倒入水盂里。**11** 正泡冲水　将开水顺碗边冲入盖碗中。**12** 盖上盖子　盖好盖碗的盖子。

13 放置滤网　泡茶中，将滤网放到公道杯上，准备出汤。

14 出汤　将泡好的茶汤倒入公道杯中。

15 控净茶汤　将盖碗里的茶汤控净。

16 分茶　将茶汤分入每个品杯至七分满。

17 擦拭茶渍　每次倒完茶后，用茶巾擦拭公道杯。

18 请茶　请客人自取分好的茶汤品尝。

生熟茶调饮

生茶茶汤

熟茶茶汤

品杯

步骤：

1 分生茶茶汤　将生茶茶汤按两分、三分、四分、五分满，从前向后依次倒入品杯。

2 分好的生茶茶汤　四个品杯中倒好不同分量的生茶茶汤。

3 分熟茶茶汤　将熟茶汤按两分、三分、四分、五分满从后向前依次倒入品杯。

4 调好的茶汤　调好的生熟茶汤，颜色由深到浅自然过渡。即可品饮。

冲泡菊花普洱茶

步骤：

1 温烫盖碗　将开水冲入盖碗中，保证泡茶时的水温。

2 温烫公道杯　将盖碗中的水倒入公道杯中。

3 温烫品杯　用公道杯里的热水温烫品杯，洁具升温。

4 倒水　依次将品杯中的水倒入水盂里。

5 取茶　将普洱熟茶从竹茶盒取出。

6 投茶　用茶匙将取出的茶拨入盖碗中。

7 取菊花　从竹茶盒里取出适量菊花。

8 投菊花　将取出的菊花拨入盖碗中。

9 润茶 将开水沿盖碗边冲入盖碗中润茶。**10** 倒水 迅速将润茶的水倒入水盂里。

11 冲水 将开水冲入盖碗中。**12** 正泡 已经泡好的菊花普洱茶。

13 放滤网 将滤网放到公道杯上，准备出汤。

14 出汤 斜盖碗盖，将冲泡好的茶汤倒入公道杯中。

15 分茶 将公道杯里的茶汤均匀分入每个品杯中。

16 擦拭茶渍 每次倒完茶后，用茶巾擦拭公道杯上的茶渍。

四　普洱茶之喜好

1 普洱茶更爱干净

喝茶的人士都知道，但凡经常冲泡茶叶的茶壶或茶杯都容易留下使用过的痕迹——茶垢，而爱喝茶的人给茶垢取了个文雅的名字"茶山"。以前，一些爱喝茶人士，喝完茶后仅是随手一冲，刻意在茶具的壁上留下茶垢，据说这样的茶具经过年代洗礼后可以成为宝贝，也有人说可以到达无茶三分香的境界。

但是，对于现在的品茶人来说，茶具的干净和美观可以影响到人的品茶心情。所以，不管是品茶前还是品茶后都需要洗涤茶具。这个洗涤茶具对于普洱茶来说，就更为重要了。

1 茶渣多

普洱茶大多为紧压茶，尤其是熟茶经过发酵、紧压等加工，冲泡前多借助普洱刀来撬开解散，冲泡后会有较多茶渣，在冲泡出汤时最好使用过滤网滤除茶渣再饮用，因此滤网在普洱茶冲泡过程中的作用比冲泡其他茶类更加重要。

过滤网的作用在普洱茶中作用是重大的，如果没有过滤网，茶汤里面就会看到茶渣，这样就会影响品茶的心情，所以，这就是为什么说，普洱茶更爱干净的原因。

为了防止茶渣更多，在撬茶时要从松动的地方入手，尽量顺着茶条，从侧面开始分解紧压茶，这样可以确保茶叶的完整性，减少损耗。碎的茶叶少了，自然茶汤里的茶渣就会少些，用滤网过滤后，茶汤看起来就更加明亮、干净了。

② 茶具易"脏"

品饮普洱茶，尤其熟普洱茶，泡茶用具和品饮杯上容易残留茶汤的颜色，如果不及时清洗，就会影响美观。如果清洗不彻底，茶杯上甚至还会留下乌黑的茶渍，给人感觉杯子没有清洗干净影响品饮心情。因此，在品饮普洱茶之后，所用到的茶具都需要仔细清洗，先用开水洗涤，再用干净的茶具布擦干净。

每次分茶时，需要用茶巾擦拭公道杯出水的流（壶嘴）的下面，以免茶渍长时间停留在杯子外壁不易洗净；每次品茶完需要将每个泡茶用具和品饮杯具用开水冲烫洗涤，最后再用干净的布擦干净。如果已经在杯子上残留下茶渍，就需要视茶具的材质进行清洁，瓷、玻璃茶具可以用洗涤灵刷洗后冲净；如果是紫砂和其他陶茶具，可以先用净水淋湿，然后用牙刷蘸牙膏或去污粉轻轻刷洗，然后再用沸水冲洗干净。对于陶质（包括紫砂）茶具，最好的清洁办法是用过后马上用开水冲洗干净再晾干。

2 泡普洱茶用什么茶具最好

冲泡普洱茶具体用什么茶具最好，这要看你最看重什么了。

如果注重茶汤滋味，紫砂壶是首选。但需注意，冲泡普洱茶应选用出汤特别顺畅的紫砂壶，否则容易闷泡，茶汤色过重，影响口感和滋味。另外，用紫砂壶泡普洱茶（熟茶）后冲洗比较费时费事。

如果观赏茶水色的变幻，玻璃茶具是最佳的选择。无论普洱生茶茶汤的慢慢渐变，还是普洱熟茶由淡变浓的完美蜕变，玻璃壶一般出水都很通畅，唯一需要注意的是，玻璃器皿更容易显脏，泡茶后更应注意及时清洁。

如果很在意快速出汤，盖碗是首选。用盖碗冲泡普洱茶不仅出汤迅速，而且后几次冲泡更容易判断是否应适当放慢出汤速度，使茶水自始至终滋味、颜色更加稳定。

3 喝普洱茶的环境和心情

茶随心境，不同的心境对茶的感受及选择也大不一样。普洱茶虽然没有绿茶清新鲜爽，没有乌龙茶滋味万千，没有红茶浓厚甜蜜，但是它比其他茶品更多了几分沧桑的意韵。

初尝生茶时，你会感到有一种苦涩在口齿间残留，再细品，一股甘爽就会汹涌于口腔之间，犹如大山森林的粗犷和豪爽，令人遐想。品饮熟茶时，那种久违了的陈香顺滑就会慢慢滋生，闭上眼睛，关于古道、马帮，浮想联翩。品饮普洱茶比其他茶多了从生到熟之间的万千变化。

需要一些鲜明的味道让自己振奋起来时，泡一杯生普洱茶，让锐利的苦涩唤醒身体的每一个细胞；需要放松时，喝喝普洱熟茶，捧着温暖的茶汤，谈天说地，将慵懒进行到底；需要一点复杂感时，把熟茶和生茶按不同比例混合，生茶多熟茶少时青涩中有醇厚，熟茶多生茶少时成熟中有激荡。

普洱茶是一种"成人饮料"，喜欢普洱茶的人往往对自己的人生有积极的认识——成熟、成功、淡定，还有品位。

4 普洱茶——健康的协管员

快节奏，高压力的生活和工作，致使都市人群的亚健康状态愈来愈严重，绿色、健康、环保的生活理念及方式也随之愈来愈受到现代人的推崇。普洱茶之所以如此大受欢迎，跟它具有独特的保健功能有很大的关系。

1 预防心血管疾病，调理高血压症状

普洱茶能帮助饮茶者防止血液和肝脏中烯醇和中性脂肪积累，增强血管壁的弹性，预防动脉硬化和脑溢血，还能增进心脏活动和微血管扩张，起到降低血压的作用。饮用普洱茶使人血管舒张、血压下降、心率减慢，对高血压和脑动脉硬化有一定的预防作用。

2 调理血脂，有助减肥

紧张的工作压力使人精神紧张，生活忙碌而无序。在压力之下，不合理的饮食结构、营养过剩和缺少运动等不良生活习惯容易使人因摄入过多脂肪而发胖。

普洱茶有抑制肝脏胆固醇合成的作用，并可以有效降低血液中的胆固醇、甘油三酯以及游离脂肪酸含量，并增加粪便中的胆固醇排出量，同时还能抑制低密度脂蛋白氧化的作用。因此长期饮用普洱茶能使胆固醇及甘油三酯减少，促进新陈代谢，净血降脂，减肥轻体，使肌体更加健康而有活力。

3 不伤肠胃，调理消化道，缓解便秘

经过发酵的普洱熟茶茶性温和，只要饮用浓度适宜的普洱茶，就不会对人的肠胃产生刺激，甚至可以养护、调理肠胃，促进胃液分泌，帮助消化，缓解便秘，对消化系统健康大有裨益。

4 抗癌、抗辐射

茶叶中抗癌的有机物主要是茶多酚、茶碱和多种维生素，抗癌的无机物主要有锌、钼、锰等。茶多酚抗氧化与抗辐射的能力之强早已受到营养学界、医学界的重视。实验证明茶多酚的作用高于维生素E的作用。在茶叶中，云南普洱茶更有利于防癌和抗辐射。在中国的众多的茶区中云

南为中国一类茶区，由于云南当地土壤资源优秀，气候适宜，雨水丰富，非常适合茶叶的生长。且普洱茶采用云南的大叶种茶树，茶叶中内含物质丰富，且其耐泡，因此抗氧化、防辐射作用更加强劲。

5 抗衰老、美颜

普洱茶的抗衰老作用源于茶叶所含草鞣酸的抗老化功效是维生素E的18倍，茶多酚能有效阻断人体内自由基活性，儿茶素有抗氧化、抗衰老作用。云南大叶种茶所含儿茶素总量高于其他茶种，抗衰老作用强于其他茶类。同时，普洱茶在加工过程中，大分子多糖类物质转化成了大量新的可溶性单糖和寡糖，维生素C成倍增加，这些物质对提高人体免疫系统的功能发挥着重要作用，起到了养生健体、延年益寿的作用。

曾经被誉为"老人茶"的普洱茶，如今又有了另外一个美誉，被人们称为"女人茶"。原因是普洱茶能调节新陈代谢，促进血液循环，调节人体，自然平衡体内机能，因而有美容的效果，因此就被称为"女人茶"和"美容茶"。

6 有效促进血液循环

冷症为血液循环不良的结果，同时也是女性常有的症状。普洱茶具有促进血液循环，使身体温暖的功效，在茶中放几片干姜，效果更佳。

7 消炎、抑菌、护齿

普洱茶中含有许多生理活性成分，对多种致病细菌有明显的抑制作用。医药界研究及临床实验证明，普洱茶有抑菌作用，这与云南大叶种茶内含丰富的茶多酚直接相关。

茶树是一种能从土壤中"收集"氟元素的植物，因此茶叶中氟的含量较高，氟有固齿防龋作用。另外，茶多酚类化合物可杀死齿缝中的病原菌，对牙齿有保护作用，还可去除口臭。

5 如何存放普洱茶

存放普洱茶应有适用的器具、洁净的环境、通风透光等条件保证普洱茶纯正的滋味。无异味，这是存放普洱茶的首要。

1 存放普洱茶的环境

茶最容易吸收环境气味，因此存放普洱茶的地方不应有任何特殊气味，如油烟、化妆品、药物等的气味，有条件的家庭可以专设一个储藏室，放木架陈放茶叶。

光线和空气可以使茶叶陈化，所以应透光透气，保持空气的清新和对流，北方城市可以利用放置水景、开启加湿器等方法适当加湿，适度推进普洱茶的"陈化"速度。

2 存放普洱茶的容器

普洱茶可以放在竹箬里保存，或放在干净的竹、草盒里，或带着包装绵纸陈放，也可以放入容器中存放，最常用来存放普洱茶的容器是陶缸、紫砂缸等。存茶容器应生茶、熟茶分开专用，使用前洗净、晾干。

容器不应有异味。不要使用带化学味道的容器，如塑料以及过于密闭的玻璃、金属器等。

③ 存放生茶的选茶建议

收藏普洱茶应选择质量好的普洱茶生茶，这是日后普洱茶品质提升和价值提高的前提条件。应注意以下几点：

首先，选择优质原料的普洱茶。优质原料是加工制作高品质普洱茶的前提条件。

其次，选择可以清楚地了解其出处的普洱茶。如具备一定资质的生产厂家，因为知名企业加工、制作的普洱茶，其质量，设施、技术、环境、卫生等方面都相对比较有保障；或者名店名号的产品。如果自己能有机会从采摘开始参与，关照每一个环节，为自己定制希望得到的茶品，这样即使茶叶不是最完美的，也是最独特、最有意义的。

第三，选择有特色的普洱茶。如野生古乔木茶、用老茶菁加工成的生茶、用芽头加工的普洱茶、螃蟹脚等等。这些特色品种有的数量相对稀少，有的生产区域独特，有的技术独到，有的资源稀缺，都值得收藏和期待。

第四，选择有特殊纪念意义的普洱茶。如为重大活动定制的限量纪念普洱茶等。

4 普洱茶存放的时间

"越陈越香"是现今有关普洱茶提及最多的一个名词，也是人们最感兴趣、最关注的事情。但是，对于"越陈越香"的存放年限是多少年？是十年，或者是五十年，这恐怕必须在有一个温度、适度的前提条件下才能去考察验证。

也许正是因为没有定论，所以更为我们所关注。生茶的品质的确有随时间的推移而不断优化的特点。但是，凡事都有其客观规律，当普洱茶"越陈越香"的陈期让茶的陈韵达到顶点的时候，后面一定是茶性趋淡，绝没有无限期的"越陈越香"。北京故宫的金瓜贡茶约两百年的陈期，其滋味曾被人描绘为"汤有色，但茶味陈化、淡薄"。

我们存茶、喝茶，时间在无意识中流失，时间对于普洱茶的意义是产生变化，对于我们的意义是倾注的情感和期待。一叠饼茶放在那，不经意间就成了十年的普洱。普洱茶的"年份"的意义或许就在于那些不经意间流去的时光里那些我们的记忆……

Tips 用于长期收藏以待升值的普洱茶，最好选购生普洱。生普洱是纯自然后发酵的普洱茶。生普洱转变为熟普洱需要8年以上的时间，自然生成的品质和时间所赋予的历程使之更富神奇口感和文化底蕴。

在家中存放，可选用陶瓷瓦缸存放。如果是散茶，将外包装拆去直接放于缸内，封好缸口就行。但是，饼茶、金瓜茶、沱茶要用木架陈放，以通风透气。需要特别提醒的，存放茶最注意的是异味和霉变，茶叶特别吸味，普洱茶的陈化过程一旦吸入异味，其本来的陈香本色就会被破坏了，所以茶叶每隔3个月左右要翻动检查是否霉变、有无寄生虫侵入等。

如何选购普洱茶

选购普洱茶和其他茶类并无不同，都要经过看干茶、观汤色、闻香气、品滋味。

◾1 看干茶

看干茶外形是识别茶叶质量优劣的第一步。成品茶级别划分的标准是根据茶菁的嫩度，嫩度越高，茶的级别越高，茶级别数值越小级别越高，另有标注"特级"、"宫廷"、"金针白莲"等，意在表明质量等级之高。原料嫩度主要看三点：一是看芽头的多少，芽头多、显毫、嫩度高，反之嫩度低；二是看条索（叶片卷紧的程度），条索紧结、重实的嫩度高，反之嫩度低；三是看茶叶色泽、光润的程度，色泽不灰暗、润泽的茶嫩度高，色暗干枯的嫩度低。高档普洱散茶（熟茶）金毫显露，色泽褐红（或深棕）润泽、条索匀整一致、紧细、重实。

优质普洱茶生饼：色泽以暗绿为主，有些部分转暗黄。条索清晰紧结、肥嫩，有绿茶的香。
优质普洱茶熟饼：色泽褐红（俗称猪肝色），条索肥嫩、紧结。将茶拿到鼻边轻轻一闻，品质好的熟茶会有一股熟香味。如果有异味，出现霉味、臭味等则不能选购。
自然发酵过程中的普洱茶：色泽由墨绿到褐红。条索紧结、肥嫩。

◾2 观汤色

汤色是品质的重要表现，茶的可溶性内含物质及其变化使茶汤呈现出不同的颜色。

生茶汤色：以黄绿、金黄色为主。
熟茶汤色：褐红、透亮。熟茶汤色要求红浓明亮。如汤色红浓剔透是高品质普洱茶的汤色；深红色为正常；黄、橙色、淡红或深暗发黑为不正常。汤色浑浊不清属品质劣变。品质好的熟茶茶汤杯底杂质少，汤色清澈酒红透亮。一般茶品冲泡时杯底也会有些沉淀，如碎叶等，但是如果静置一段时间后，还有过量的杂质沉淀，那就要特别注意了。
自然发酵的普洱茶汤色：不同年份的自然发酵普洱茶，茶汤颜色因年份不同而不同。当年普洱茶冲泡后汤色接近绿茶茶汤，清新自然；自然发酵3～5年的普洱茶冲泡后的汤色杏黄、橙黄或浅红；自然发酵8～10年的普洱茶冲泡后的汤色偏红，接近人工发酵熟茶的汤色。

3 闻香气

熟茶香气：普洱茶的陈香味是在普洱茶后发酵过程中，多种化学成分在微生物和酶的作用下形成的综合香气。陈香中隐有枣香、糯香、樟香、桂圆香、槟榔香等。

刚喝茶的人很难分清什么是"陈香"，什么是"霉味"。普洱茶陈香味不刺鼻，有清新温和之感，干净，令人舒服；而霉味有些刺鼻、杂乱、污浊，让人感觉不洁净，令人难以接受。如同乌龙茶中的铁观音有"音韵"，武夷岩茶有"岩韵"，熟普洱茶（包括自然发酵达到完全发酵程度的老茶）特有的"陈韵"同样另人感到自然、愉悦。

生茶香气：生茶主要有日晒味、蜜香、枣香、糯香、清香、樟香等。

自然发酵的普洱茶香气：普洱茶在自然发酵过程中，香气物质不断发生变化，其基本规律是低沸点的芳香物质（如青草气）首先挥发消失，鲜味物质逐渐转化消失，逐渐形成"陈香"物质。

4 品滋味

对普洱茶滋味的描述主要会用到"醇和"、"爽滑"、"回甘"。醇和，是指滋味浓厚，清爽、略带甜味，鲜味不足，刺激性不强；爽滑，主要描述了茶汤进入口腔和喉咙的感觉，"滑"与"涩"相反，优质普洱茶饮用后口腔和喉咙不会觉得躁、刺激等不适感，感觉很舒服。爽滑是渥堆发酵技术成熟的表现，是优质普洱茶必备的条件；回甘，是在饮普洱茶过程中，或饮用几小时后，口腔和咽喉有一种隐隐的甘甜，给人带来美妙的享受，并且这种甘甜会留存很长时间。普洱茶的回甘和乌龙茶不同，乌龙茶香气浓郁，回甘的感觉也强烈突出，而普洱茶香气温文尔雅，因而回甘悠长平和，很有一种神秘感，令人心怡。

生茶滋味："茶味"强烈，刺激性较高，香气变化丰富、有层次感，有回甘为好。若经高温或稍长时间冲泡，则清香甘甜味薄，微苦涩。

熟茶滋味：滋味醇和、醇厚、回甘，陈香浓郁，口感柔和细腻。

自然发酵普洱茶的滋味：因发酵时间不同而富于变化，发酵中的茶兼具生茶和熟茶的滋味，完成发酵的老茶滋味大体与熟茶相似，但更加柔和鲜活。

5 看叶底

叶底在很大程度上透露着茶的原料、工艺等方面的秘密信息。

生茶叶底：叶底黄绿发亮，完整或不完整，叶面有弹性、有光泽。揉压即破、色泽黯淡者质次。

熟茶叶底：深红褐色，叶底越完整品质越好。

自然发酵的普洱茶叶底：最有风格，尤其是自然发酵过程中的野生古乔木茶叶底，叶柄叶脉清晰、有弹性。

普洱茶的新手上路

≫　需擦亮眼睛，理智购物，不要只观注"野生"、"百年"、"古树"、"珍藏"等字眼的诱惑，这是商家的卖点，可能隐藏着虚假的成分。要多看多问，相信多了解后会有自己的判断。

≫　刚认知普洱时，应该多看、多问、多喝（最好是多噌茶），不要看到立即购买。

≫　选购普洱茶时，香气和味道自己喜欢最重要，不要一味寄希望于收藏能增值。

≫　要一点点地积累经验，慢慢体会真正的老茶，不要一上来就去追求陈年老茶品。

≫　不要一味迷信所谓的大厂、大品牌，也不要随便忽视小厂小品牌货，需要发挥淘宝精神，大厂大品牌也会出"垃圾"，小厂小品牌里也会出好货。

≫　不要被花哨华丽高档的包装闪了眼，注重茶包内的品质才是正理。

红茶

红茶清饮端庄秀丽，调饮低调可人，

糖、奶、冰、酒、柠檬、肉桂、蜂蜜、花草无

不与它相和，

怎样喝，红茶都柔和圆润，

温暖好喝得让人感动。

红茶——深情明丽，温馨满怀

红茶是古老东方催生西方浪漫。

清丽的绿色树叶变成褐色的茶叶，再变成艳丽的红色茶水，这只是红茶神奇浪漫的一小部分。

红茶正宗源头是福建省武夷山桐木的正山小种红茶。欧洲人对中国茶的认识始自红茶，被津津乐道的故事可不少，有1662年葡萄牙公主凯瑟琳嫁给英皇查理二世，她的嫁妆里有中国正山小种红茶，此后红茶成为英国皇室的珍贵饮品，并备受上流社会追捧，是当时的时尚奢侈品；有代表英国茶文化的"维多利亚下午茶"的创始人贝德芙公爵夫人的故事；还有托马斯·川宁1706年在伦敦河岸街开设第一家茶馆并至今开放，茶馆成了那时英国女人逛街时小憩的得体去处；再后来，红茶风靡英国及全欧洲……

无论把红茶推荐给欧洲的凯瑟琳公主，下午茶的开创者贝德芙公爵夫人，还是后来英国茶馆的招待对象，红茶一直都和女性渊源颇深。女性有不爱浪漫的吗？

至今，绿茶是中国的，红茶是世界的。中国红茶世界闻名的不仅仅是正山小种，还有祁宏、滇红、川红等，其他国家有阿萨姆红茶、锡兰红茶、土耳其红茶，这些名字中带有了绚烂的人情风土，引人遐想。红茶清饮端庄秀丽，调饮低调可人，糖、奶、冰、酒、柠檬、肉桂、蜂蜜、花草无不与它相和，怎样喝，红茶都柔和圆润，温暖好喝得让人感动。

无论东方西方，最浪漫的正是最亲和、宽容的。红茶正是如此。

1 红茶的红色从哪里来

红茶因茶叶的颜色、冲泡后茶水的颜色、泡过的茶叶的颜色都是以红色为主而得名。

"红变"本指在红茶加工过程中，揉捻茶叶在多酚氧化酶的作用下形成红茶红汤红叶的品质特征。实质是茶叶中原先无色的多酚类物质，在多酚氧化酶的催化作用下，充分氧化以后形成了氧化聚合物——茶红素、茶黄素等新的成分。这些成分一部分能溶于水，冲泡后形成红色的茶汤，一部分不溶于水，积累在叶片中，使叶片变成红色，所以红茶具有红水、红叶、味道香甜味醇的特点。

红茶为全发酵茶，品质特征为叶红、汤红。细分为工夫红茶、红碎茶、小种红茶。小种红茶是出现最早的红茶，产于武夷山市星村乡桐木关一带的正山小种品质最好。

2　女子多爱饮红茶

女人一般都喜欢喝红茶，也许真是因为红茶本身的特点，红茶是后发酵茶，对人的胃刺激性较弱。从中国传统文化中，女性属阴，而红茶暖暖的，正与女性冷暖相济。

近几年，随着红茶的普及，国人也开始对红茶着迷起来，并往茶汤里调入奶和糖、水果等。这种品饮方式尤其在白领女性中最为受追捧。

说到红茶，人们就会联想到浪漫、温柔。女性最爱浪漫，而恰恰红茶跟浪漫又是那么的接近，不管是西方的浪漫下午茶，还是东方的清爽沫沫茶，红茶的风暴里充满了浪漫色彩和清新氛围。

红茶红浓艳丽的颜色给人一种很温暖的感觉。尤其在冬季，手捧一杯红茶，整个身体都会暖起来，身体内所有的细胞都是热气贯通，很是舒服。

所以说，女子爱喝红茶，就跟追寻自己的甜蜜爱情一样狂热。

3　性情最温柔的茶

红茶起源于中国，发扬于英国。中国人喜欢清饮红茶，品味个中茶香，在壶杯之间，细品茶香，品味生活。

在英国，人们根据个人口味，喜欢调入牛奶、方糖、柠檬等，这样的品饮方式，使茶叶立刻活跃了起来，人的心情也会跟着愉悦、浪漫了起来。

红茶在六大茶类中，性情是最为温暖、温柔的茶。

红茶和绿茶有许多的不同，首先颜色上就能区别开来，绿茶是绿色的，红茶是红色的。红茶茶性温和，口感是香醇。　绿茶茶性寒，口感清爽。热性体质的人宜喝绿茶，寒性体质的人宜喝红茶。

红茶经过全发酵后，茶多酚含量少，经过"熟化"后，刺激性就转弱，较为平缓温和，适合女性饮用。尤其对脾胃虚弱的人来说，喝红茶时加点奶，可以起到一定的温胃作用。

喝茶的时间最好在饭后，因为空腹饮茶会伤身体，尤其对于不常饮茶的人来说，会抑制胃液分泌，妨碍消化，严重的还会引起心悸、头痛等"茶醉"现象。

1 世界的红茶源自中国武夷山桐木

红茶始创于17世纪初期，发源地是今福建省武夷山市的桐木关，即正山小种红茶。正山小种红茶不仅是中国红茶的始祖，也是世界红茶的始祖。

红茶的品质特征是红汤红叶，红茶初制的工艺是：鲜叶采摘后先进行萎凋，然后再进行揉捻或揉切，再发酵，最后进行干燥。红茶按初制加工工艺不同又分为红条茶和红碎茶。红条茶制作时，一般发酵较充分，滋味要求醇厚带甜。红碎茶由于在制作过程中，茶条通过两个不同转速的滚筒挤压、撕切、卷曲，发酵程度偏轻，茶叶中多酚类物质保留较多，滋味要求浓厚鲜爽。通常，红条茶适合清饮，红碎茶更适合调饮。红条茶又分为小种红茶和工夫红茶。

2 中国著名红茶

中国的红茶分为小种红茶，工夫红茶和红碎茶三种。小种红茶中最知名的是正山小种（也称拉普山小种）。工夫红茶是从小种红茶演变而成的，工夫红茶有滇红工夫、祁门工夫红茶。

1 小种红茶

小种红茶是福建省的特产茶，分为正山小种和外山小种。正山小种产于武夷山市国家级自然保护区星村乡桐木关，也称星村小种或桐木关小种，国际上称之为拉普山小种红茶。而邵武、光泽、政和、坦洋、北岭、古田、屏南、沙县及江西省的铅山等地仿照小种红茶的工艺，做出的小种红茶品质稍差，统称为外山小种或人工小种。现在，人工小种早已被市场淘汰，正山小种却百年不衰，尤其是在国际市场上，深受欧洲国家特别是英国皇室的喜欢。小种红茶干茶外形条索肥壮，紧结，色泽乌润，香气高长并带有松烟香，汤色黄红，滋味醇厚，有桂圆香，冲泡后叶底肥厚呈古铜色。

2 工夫红茶

在中国，先有小种红茶，后有工夫红茶。工夫红茶是我国独特的传统茶叶，因制作过程十分精细，精制时颇费工夫而得名。工夫红茶的制作工艺关键在"工夫"上，不下工夫，难得好茶。工夫红茶的出现比小种红茶约晚一个世纪。工夫红茶因产地、茶树品种等不同，品质各有差异，最有名的当属安徽省的祁红工夫和云南省的滇红工夫。此外还有福建省的闽红工夫、江西省的宁红工夫、湖北省的宜红工夫、湖南省的湖红工夫（也称湘红工夫）、四川省的川红工夫、浙江省的越红工夫等，按茶树品种分为大叶工夫和小叶工夫两大类。

3 红碎茶

红碎茶也称分级红茶，是国际市场的主销品种，世界茶叶总出口量的80%左右是红碎茶。始创于19世纪70年代，当时印度人发明了切茶机，将条形茶切成短小而细的碎茶，从此，红碎茶问世。红碎茶在制作过程中经过充分揉切，叶片的细胞破坏率高，茶汁浸出，有利于多酚类酶性氧化和茶叶中成分释出，形成香气高锐持久，汤色红浓，滋味浓强鲜爽的特征，冲

泡时间短（一般仅冲泡1次或2次），加牛奶和糖后，仍有很强的茶味品质特征。一般红碎茶更适合调饮，加牛奶、糖、蜂蜜、果汁、咖啡等，调出不同风味的特色茶饮。

红碎茶按揉切方法不同，分为传统红碎茶、C.T.C红碎茶、转子（洛托凡）红碎茶、L.T.P（劳瑞式锤击机）红碎茶、不萎凋红碎茶五种，各种红碎茶又因叶形不同分为叶茶、碎茶、片茶、末茶四类，产地不同，品种不同，品质特征差异很大。红碎茶主要产于云南、广东、海南、广西、贵州、湖南、湖北、江西、浙江、江苏等地，以云南大叶种鲜叶加工生产的红碎茶品质最好，小叶种加工而成的品质稍差。目前，国内生产的袋泡茶的原茶大部分是采用云南、广东、广西、海南等地产的红碎茶。

3 世界著名红茶

中国的祁门红茶，印度的阿萨姆红茶，印度的大吉岭红茶，斯里兰卡的锡兰高地红茶，印度的尼尔吉利茶，台湾的台茶18号是世界著名红茶。南亚红茶中，以印度的大吉岭红茶最为上等。此外，斯里兰卡的锡兰红茶的品质也很优秀。最好的锡兰红茶，冲泡出来的茶色是深红色的。

1 印度的阿萨姆红茶

产于印度东北阿萨姆。其茶叶外形细扁，色泽呈深褐，带有淡淡的麦芽香，滋味浓，属烈茶，最适合冬季饮用。这种茶叶冲泡后"冷后浑"严重（茶冷后有些物质冷凝，看似浑浊），所以不适合作为冰红茶饮用，不过比较适合调入牛奶一起做成奶茶品饮。

2 印度的大吉岭红茶

产于印度西孟加拉邦。此地常年弥漫云雾，是孕育茶品独特芳香的一大优势气候，有"红茶中香槟"之称。其汤色橙黄，气味芬芳高雅，品质上佳的茶品还带有葡萄香，口感细致柔和。这种茶适合清饮，不适合调饮。冲泡时需要久闷，才能使茶叶尽情地舒展开来，使茶味更浓。

3 斯里兰卡的锡兰高地红茶

产于斯里兰卡的锡兰高地等山岳地带的东侧。锡兰的高地茶通常制成碎形茶，品质上好的茶汤可以观察到金黄色的光圈。其风味具有刺激性，有薄荷、铃兰的芳香，滋味醇厚，虽较为苦涩，但回味甘甜。

4 下午茶时光

悠扬的音乐、漂亮的桌巾、精致的点心、茶与咖啡香气氤氲，低声倾心交谈的人们，这些汇成了大多数人对于下午茶的场景图画。下午茶是轻松惬意的代名词，它的重点并不在于茶水、食物，而是聚会时令人舒适的气氛、约会的浪漫情调。生活节秦快捷的都市，下午茶时光是难得的奢侈享受。无论东方西方，茶的时光都是轻松惬意的。

Tips 英式下午茶的由来，最初是维多利亚时代英国公爵夫人安娜贝德芙女士，邀请几位知心好友在家中用优雅的茶具品尝茶与点心，度过轻松惬意的午后时光，后来渐渐的演变成招待友人欢聚的社交茶会，形成优雅自在的下午茶文化，正确的泡茶饮茶方式、讲究的陈设和丰盛的茶点，被视为下午茶的传统流传下来。

1 红茶的鉴赏

正山小种

正山小种产于福建省武夷山星村乡桐木关一带，是最早出现的红茶，无论在国内红茶中还是在世界红茶中都是非常独特的茶种。正山小种红茶的工艺特点是用松烟熏制，国际上称之为拉普山小种红茶，深受英、德、荷兰、瑞典等欧洲国家喜爱。

干茶：干茶外形条索肥壮，紧结，色泽乌润，香气高长，带有松烟香。

 正山小种茶适合清饮，茶具选用紫砂壶，小壶冲泡，分杯饮用。

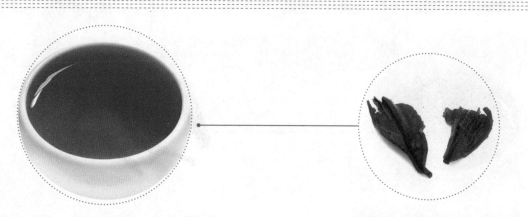

茶水：茶水黄红，滋味醇厚，有桂圆甜香。

叶底：泡开的茶叶颜色为褐红色，展开的叶面比较肥厚。

祁红

祁红是祁门工夫红茶的简称，是著名的红茶精品，居世界三大高香茶之首。

祁红是产于安徽祁门及其毗邻的各县的条形工夫红茶的统称。祁红产于安徽省祁门、东至、贵池、石台、黟县，以及江西的浮梁一带，其自然品质以祁门的历口、平里、闪里一带最优。因为这一带所产的红茶有着一种特殊的芳香，外国人称其为"祁门香"、"王子香"或"群芳最"。祁红清饮、调饮皆可。

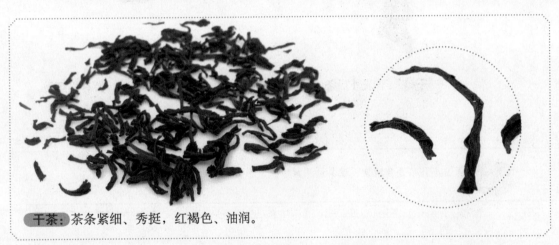

干茶: 茶条紧细、秀挺，红褐色、油润。

茶水: 茶水颜色为红色，透亮。香气清鲜，带有兰花香，滋味浓醇。

叶底: 泡开的祁红红褐色，叶面细嫩，很柔软。

C.T.C红碎茶

C.T.C红碎茶产于云南西双版纳大渡岗茶厂，适宜做成袋泡茶，非常适合冲泡后与牛奶、糖、柠檬等调匀成柠檬红茶或奶茶。C.T.C红碎茶是经全发酵后切碎的茶，茶叶浸出较快较彻底，一般不宜反复冲泡。

干茶：色泽棕红、乌润、匀亮，外形呈小颗粒状、重实、匀整。

茶水：汤色红艳，香气甜醇，滋味鲜、爽、浓、强。

叶底：褐红、匀整、明亮。

滇红

滇红产于云南，是滇红工夫茶的简称，在红茶里属于大叶种工夫红茶。以外形肥硕紧实、金毫显露和香高味浓的品质独树一帜，并著称于世。滇红因采制时期不同，其品质具有季节性变化，一般春茶比夏、秋茶好。

滇红有两个与众不同的特色，一是金黄色的毫毛显露在茶叶外表上，即使是采摘自同一茶园的茶叶，不同季节制作出来的茶的颜色也各不相同；二是香郁味浓，以滇西云县、凤庆、昌宁为佳，尤以云县部分茶区所产滇红为最好。

干茶：茶条比较肥壮、结实、匀整，色泽为红褐色，每根茶叶上都会有金黄色的毫毛显露出来。

专业上将茶叶上布满金黄色毫毛称为"金毫显露"，如果用白瓷茶杯盛茶水，能看到瓷杯壁与茶水交界处是金黄色的，好像给茶水箍了一个金圈，很好看。

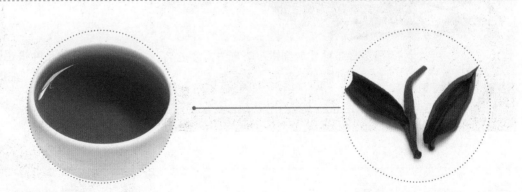

茶水：茶水颜色金红、清澈明亮，滋味浓厚回甜，花果香浓。

叶底：泡开的茶叶红褐色，茶芽肥厚、柔软、完整。

金骏眉

金骏眉的原料茶叶为武夷山原生态野生茶的芽尖，这些野生茶树生长于武夷山国家级自然保护区内海拔1200～1800米高山上，需要6至8万颗芽尖，才能制成一斤金骏眉成茶。

金骏眉是近几年来知名度急速蹿升的新名品茶叶，首创于2005年，由武夷山自然保护区内的正山茶业承制。金骏眉可以视为高品级的正山小种，带有正山小种的特色，但更柔和甜美，因而价格不菲。

茶水：茶水颜色为金红，清澈透明，甘甜柔滑。

干茶：茶叶比较细嫩、略弯曲，颜色乌黑，茶叶略带金黄色，有茶毫。

叶底：泡开的茶叶褐色，芽尖显露、叶面完整、细嫩。

金骏眉和正山小种同为红茶，同产于福建武夷山，金骏眉借鉴了部分正山小种的制作工艺，但两者风味有些差异，前者茶芽细嫩，更加甜美。冲泡金骏眉需先凉一下水至70℃左右。

宜红

宜红是宜红工夫茶的简称，是产自湖北宜昌、恩施的条形工夫茶的统称。1951年宜都县建立国营宜都茶厂，故名"宜红"。香气有甜果香，清香带甜。

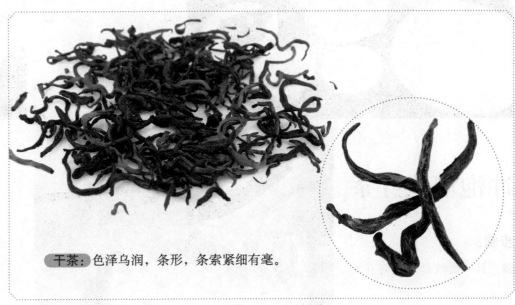

干茶：色泽乌润，条形，条索紧细有毫。

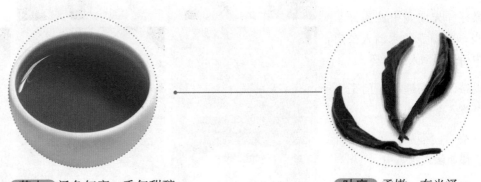

茶水：汤色红亮，香气甜醇
高长，滋味醇厚鲜爽。

叶底：柔嫩、有光泽。

2 红茶的泡饮

冲泡清饮红茶

步骤：

1 备具　摆放器具准备开始泡茶。

2 温杯　先向壶中注入开水温壶。将温壶的水倒入公道杯中后，再倒入品茗杯。

3 投茶　用茶匙将祁门工夫红茶拨入茶壶中。

4 润茶　向壶中注入少量开水。快速倒入水盂中。

5 冲水　直接冲水直到满而不溢，正泡约2、3分钟。

6温杯　用茶夹夹取品茗杯。将温杯的水倒入水盂中。用茶巾轻拭品茗杯外侧及杯底的水渍。

7出汤　将壶中泡好的茶汤倒入公道杯中。尽量控净壶中的茶汤（壶中精华）。

8分茶　将公道杯中的茶汤分到每个品茗杯中。

9敬茶　双手持杯将茶奉给客人。

冲泡奶茶

步骤：

1 备具　摆放茶具准备开始泡茶。

2 冲水　直接向杯中冲入开水。

3 放茶包　将茶包放入杯中约2分钟。提棉线上下搅动让茶汁充分浸出。

4 加奶　向杯中加入热牛奶。

5 加糖　加入一块方糖。

6 敬茶　敬茶时汤匙如图示摆放，切记不能放在杯中。

除了与牛奶调饮，红茶还能这样调

冲泡柠檬红茶

Tips 鲜柠檬根据杯子的大小一般每杯放薄薄一片即可。否则会加重茶汤的涩味。

步骤：

1 备具　茶杯及杯托，汤匙，水果刀，柠檬，方糖，果碟。茶杯温热备用。准备开始泡茶。

2 冲水　直接冲水至七分满。

3 放茶包　茶包慢慢放入水中浸泡2分钟，取出。

4 加糖　加入1、2块方糖用汤匙轻轻搅溶。

5 加柠檬　放入柠檬片。

6 敬茶　调好的柠檬红茶放入托盘，奉给客人饮用。

冲泡咖啡红茶

步骤：

1 备具　茶杯及杯托，茶巾，汤匙，奶杯及杯托，过滤网，果碟。茶杯和咖啡杯温热备用。直接将适量红碎茶拨入漏网中，煮好的咖啡倒入奶杯备用，方糖、咖啡植脂末放在果碟里。

2 冲红茶　手持滤网到茶杯上方直接冲水，冲水速度要慢。

3 加咖啡　加入煮好的热咖啡。

4 放植脂末　加入1、2汤匙植脂末。用汤匙搅拌至充分溶解。

5 敬茶　杯咖啡红茶调好了，可以根据个人喜好选择加糖或不加糖。

冲泡薄荷冰红茶

步骤：

1 备具　准备一个干净的冰格，干薄荷末适量，还有泡好的红茶。

2 放薄荷　将碎薄荷叶均匀撒在冰格里。

3 放茶汤　将泡好的红茶倒入冰格中，盖好盖子，直接拿到冰箱冰室中冰冻。饮用时直接将薄荷红茶冰块加入红茶汤中，既不冲淡茶的浓度又增添一份清凉。

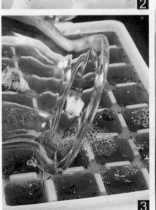

Tips 除薄荷末外也可以把平时喜欢吃的干果切碎后与红茶一起做成果料红茶。

新鲜的柠檬也可直接冲水饮用。热水、冷水均可。柠檬一定不要放得过多，否则味苦涩。

冲泡柠檬冰红茶

步骤:

1 备具 耐高温玻璃瓶,过滤网,茶荷,汤匙,冰块,果碟。

2 加冰 将冰块投入玻璃瓶中。

3 加柠檬 柠檬片放在冰块上。

4 投茶 过滤网放在瓶口,将红碎茶拨入过滤网内。

5 冲水 直接冲入开水。等待3～5分钟即可分杯饮用。加入适量方糖。杯里似水乳交融即"冷后浑"。

Tips

冰红茶的由来

1904年夏天，一位名叫查理的茶商在美国圣路易市举办的世界博览会上，试图向人群推销自己的红茶。当时正值盛夏酷暑难耐，连查理自己都喝不下手中那杯热腾腾的红茶。忽然旁边的一堆冰块掉进了一桶热红茶之中，理查觉得丢掉也怪可惜，便盛一杯来喝，没想到这冰红茶不仅清凉畅快，并且生津解渴，于是理查灵机一动把余下的红茶全都加入冰块，转卖起了冰红茶，竟销售一空。这便是冰红茶的由来。

四
红茶的喜好

红茶喜欢器具美

中国所有茶具中，红茶具最为特殊。

按照中国人习惯方式冲泡和品饮红茶时，紫砂壶最能体现红茶的香甜和传统之美；但若西洋方式，无论清饮与调饮，红茶具与咖啡具基本风格一致，细瓷、洁白、描金、欧式"腰身"的红茶壶与杯当然更加风情万种。

可以说红茶对器具的挑剔是很另类的。

2 喝红茶的环境和心境

品饮红茶，总让人感觉是浪漫、温暖、情意绵绵的。除了这些，还需要一点情调，暖暖的一杯红茶捧在手心里，可以思索，可以憧憬，还可以含情脉脉。总之，品饮红茶是需要环境和心境的。

比如在悠闲的午后，备点茶点心，邀集三五好友喝喝下午茶，一段下午茶的时光，让我们慢下来，温暖的红茶让我们的心柔软、松弛。

抑或是在寒冷的冬日，倚窝在温暖的沙发里，听着悠然的音乐，来一杯自己调制的红茶，为枯燥的生活增添了不少情趣。与柠檬、牛奶、咖啡、水果干、花草搭配，调制出不同的滋味和功效，营造出不同的氛围和情调。有时色彩美艳，让人赏心悦目；有时又散发出独特的果香，让人迷醉；有时还有浓浓的奶香味，令人温暖。这样的生活既充实又美好。

总之，传统红茶与现代时尚邂逅，混搭出独到之美，调出不同的滋味，适应不同的心情。

红茶的功能

1 提神解乏

红茶中含有大量的咖啡因，可以刺激大脑兴奋神经中枢，使思维反应更形敏锐，记忆力更强；红茶中的咖啡因对血管系统和心脏也具有兴奋作用，可以加快血液循环和新陈代谢，同时又促进发汗和利尿，从而加速排出体内废物，消除疲劳。

2 生津清热

红茶中的多酚类、糖类、氨基酸、果胶等可刺激唾液分泌，滋润口腔，并且产生清凉感，因此夏天饮红茶能止渴消暑。

3 有助排尿

红茶中的咖啡碱和芳香物质，可以使肾脏的血流量增加，提高肾小球过滤率，扩张肾微血管，增加尿量，最终有利于排出体内的乳酸、尿酸（与痛风有关）、过多的盐分（与高血压有关）等有害物，以及缓和心脏病或肾炎造成的水肿。

4 消炎杀菌

红茶中的多酚类化合物具有消炎的效果，同时红茶中的儿茶素类能与单细胞的细菌结合，使蛋白质凝固沉淀，借此抑制和消灭病原菌。所以红茶对细菌性痢疾及食物中毒患者颇为有益，因此民间常用浓茶涂伤口、褥疮和香港脚。

5 解毒

红茶中的茶多碱能吸附重金属和生物碱，并沉淀分解，这对饮水和食品受到工业污染的现代人而言，不啻是一项福音。

5 强壮骨骼

2002年美国医师协会经调查指出，饮用红茶的人骨骼强壮。红茶中的多酚类（绿茶中也有）

有抑制破坏骨细胞物质的活力。因此，坚持每天服用一小杯红茶可以有效防治女性常见的骨质疏松症。如在红茶中加上柠檬，强壮骨骼效果更强，在红茶中也可加上各种水果，能起协同作用。

6 抗癌、抗衰老

红茶中的抗氧化剂可以破坏癌细胞中化学物质的传播路径。美国医生密特尔曼说："红茶与绿茶的功效大致相当，但是红茶的抗氧化剂比绿茶复杂得多，尤其是对心脏更是有益。"根据美国专业杂志的报道，红茶抗衰老效果强于大蒜、西蓝花和胡萝卜等。

7 养胃护胃

红茶是经过完全发酵烘制而成，对胃部有刺激作用的茶多酚在氧化酶的作用下发生酶促氧化反应，含量减少，对胃部的刺激性就随之减小了。红茶不仅不会伤胃，还能保护胃。经常饮用加糖、加牛奶的红茶，能消炎、保护胃黏膜，对胃溃疡患者有益。

8 有益心血管

美国医学界的最新研究发现，心脏病患者每天喝4杯红茶，血管舒张度可以从6%增加到10%。常人在受刺激后，则舒张度会增加13%。因此，心血管疾病的患者可以饮用红茶，减轻病状。

9 预防感冒

红茶中黄酮类化合物具有杀除食物有毒菌、使流感病毒失去传染力等抗菌作用。除预防感冒之外，还有人在因感冒而喉咙痛的时候用红茶漱口。

4 保存方法

红茶最好放在茶叶罐里，并放置在阴暗干爽处，开封后的茶叶最好尽快喝完，不然味道和香味会流失殆尽。

红茶相对于绿茶来说，陈化变质较慢，较易贮藏。一般可放置在密闭干燥容器内，避光避高温保存比较好。一般使用紫陶罐、锡罐为佳，玻璃罐次之，但是玻璃密封罐最实惠的。

1 保存红茶的必要条件：避光，密封，常温，勿潮

茶叶中含有大量氨基酸、糖类、多酚类、维生素、芳香物质等营养成分，是我国人民常用的保健饮料，但茶叶的保存要受许多因素的影响，如阳光、温度、水分、空气等，怎样贮存茶叶呢？

阳光直接照射，会破坏茶叶中的维生素C，并使茶叶的色泽、味道发生变化，所以茶叶必须存放在不透明的容器中。

温度升高，会使化学反应的速度加快，也就促使了茶叶有效成分的分解，使茶叶的营养价值降低。所以，茶叶要低温保存。

水分的存在，是许多有机物分解反应的必要条件，而且也是细菌活动的必要条件，所以，如果茶叶水分过大，不仅茶叶易丧失营养，而且容易发霉变质。因此，茶叶一定要干燥保存。

茶叶和空气直接接触，易被空气中的氧所氧化，失去原有的风味，因此，茶叶的容器要密封。

2 保存红茶的方法

罐储存法
用罐储存红茶，使用前须用热水清洁一下罐子的内壁，目的是去除罐里的异味；也可以用茶叶末擦洗罐壁也能达到去除异味的作用。将茶叶装入罐子里后，还应注意密封，把盖子紧紧盖好，置于阴凉处，避免阳光直射或潮湿，这既可防止铁听氧化生锈，又可抑制听内茶叶陈化、劣变的速度。

瓦坛存法
把红茶茶叶用牛皮纸包好，放在干燥、无异味、无裂缝的瓦坛中，在瓦坛中放置一袋生石灰，最后将坛口封住。

冰箱存法
选用密度高的铝箔包装袋，袋子不能有孔、洞和异味，将干燥的茶叶装入袋子里密封好，再放入冰箱的冷藏室中保存。

问和答

1 乌龙茶的Q&A

Q1　青茶（乌龙茶）初制工艺中，"晒青"指什么？

A　晒青就是日光萎凋，将采摘的鲜叶摊放在水筛（竹筛）上，架在晒青架上让阳光照射，晒青时间的长短、摊放鲜叶的薄厚，根据季节不同、茶叶不同、阳光强度不同等而不同。

Q2　"单枞"是一株茶树吗？

A　单枞指各种不同香气的茶树，在采制时，分别按照不同的植株、不同种香气，单独采摘，单独初制。并不是指独一无二的一株茶树。

Q3　什么叫"三红七青"？

A　即茶叶出现三分红色七分绿色的现象，中间呈黄亮色，叶子边缘呈现朱砂红，有的人也用来理解为，这样的茶就是发酵到位的青茶。

Q4 什么是"水仙茶饼"？

A 又叫"纸包茶"，它按照闽北水仙的加工工艺，用模型压制成的一种方形饼状的紧压饼茶。外形扁形见方，茶叶颜色乌润，茶水呈深褐色，味道醇厚。

Q5 哪些茶是安溪茶四大当家品种？

A 铁观音、黄金桂、本山、毛蟹。

Q6 乌龙茶的制作工艺有哪些？

A 乌龙茶类的制作工艺大体可分成：采青、萎凋、做青、炒青、揉捻、干燥六大程序，具体到每个品种还会略有差别。

Q7 采青的标准是什么？

A 采青标准：不是越嫩越好。乌龙茶采摘要求新梢形成的驻芽（叶片下的小芽，并非每个茶种都有），即当顶叶驻芽形成时，采摘驻芽开面的二三叶或三四叶，也叫"三叶开面采"。采青的天气和时间：晴天"午青"最好。实践表明，乌龙茶采摘宜选择晴天，最好在晴天上午10时到下午2时，统称"午青"。上午10时前采的称"早青"，下午2时后采的称"晚青"。"午青"品质最好，次为"晚青"，而以"早青"品质最差。采摘"午青"是制高级茶的关键。因为在这样气候条件下，茶青才能利于"脱水存香"。

Q8 乌龙茶冲泡的有什么注意事项？

A 1. 茶叶的用量。若茶叶是紧结半球形乌龙，茶叶需占到茶壶容积的1/4～1/3；若是茶叶较松散的条形乌龙，茶叶量以茶壶容积的1/2为宜。

2. 泡茶水温。一定要用沸水来冲泡，水温为100℃。水温高，茶汁浸出率高，茶味浓、香气高，才能品出乌龙茶特有的韵味。

3. 冲泡的时间。冲泡的时间要由短到长，第一次冲泡时间短些，闽南和台湾的乌龙茶冲泡时浸泡的时间第一泡一般是45秒左右，再次冲泡是60秒左右，之后每次冲泡时间往后稍加数10秒即可。

4. 冲泡的次数。乌龙茶有"七泡有余香"的说法，方法得当每壶可冲泡七次以上，仍然余香犹存。

Q9 什么叫萎凋？

A 萎凋是乌龙茶初制的第一道工序。萎凋（即晒青、晾青）是制茶的专业用语，是使鲜叶发生失水等变化的过程。萎凋大致分为三种：日光萎凋、加温萎凋和机械吹风萎凋。

Q10 什么叫炒青？

A 炒青是一道承上启下的工序。它是防止茶叶继续变红，稳定做青形成的品质。

Q11 什么叫做青？

A 做青是乌龙茶初制的第二道工序，也是形成乌龙茶品质特征的关键工序，是摇青、晾青多次反复的重要工艺过程，技术颇为繁杂。

Q12 什么叫揉捻？

A 揉捻就是将杀青后的茶叶反复地搓揉，使叶片形成乌龙茶所需要的条索、球形外形。简单说就是给茶叶造型的工序。

Q13 什么叫干燥？

A 烘焙是使茶叶干燥的工序，可以消除苦涩味，促使乌龙茶滋味醇厚。烘焙干燥后乌龙茶就做成了。

普洱茶的Q&A

Q1 **"普洱"是什么意思？**

A "普洱"是哈尼语，是家园的意思，指的是有水有寨子的地方。

Q2 **至今发现最古老的茶树在哪里？树龄有多大？**

A 目前发现的最古老的茶树在云南省思茅地区镇沅县千家寨的野生大茶树群落，其中有一株，科学家估测树龄约有2700年，是至今发现的最古老的一株野生大茶树。

Q3 **服药期间可以饮茶吗？**

A 服药期间不影响饮茶，但是建议在服药前后两个小时内最好不饮茶，以免影响药物吸收。但一些维生素类的药不受影响。

Q4 **"茶寿"指多少岁？**

A 在中国108岁被称为"茶寿"。"艹"即双十，二十；"人"和"木"连在一起是八十八，一共就是一百零八，所以被称为"茶寿"。

Q5 **"陈香"是什么茶香？**

A 陈香是普洱茶区别于其他茶类的香气特点，陈香不是"霉香"，是茶叶中的芳香物质在后发酵过程中，在酶、湿度、温度等条件下发生变化，而产生的香气，一般有兰香、枣香、樟香、藕香、蜜香等各种花果香，其中兰香被认为是最好的普洱茶茶香。

Q6　多少年的茶树称之为"古茶树"？

A　一般将树龄在百年以上的茶树称之为古茶树。也有人将树龄在360年以上的茶树才称为古茶树。

Q7　有的普洱茶其外包装上有"7572"、"7573"等号码，代表什么？

A　这个号码是茶号，也称唛号。一般包装最右边的数字是茶厂的代号，1为昆明茶厂，2为勐海茶厂，3为下关茶厂，4为普通茶厂。最左边的两位数表示该厂研制此种普洱茶的年份，中间的数字表示普洱茶的原料等级。"7572"表示勐海茶厂生产的7级普洱茶，1975年开始创制生产此种普洱茶。茶号不能说明普洱茶的贮放时间，一个茶号代表一种普洱茶的品质。

Q8　贮存普洱茶，紧压茶好还是散茶好？

A　居家少量贮存一般选择存紧压茶，相同重量的普洱茶，紧压茶体积小，便于贮存，相对散茶，紧压茶耐贮存，不易变质。

Q9　普洱茶越陈越好吗？

A　一般茶叶贵新，尤其是绿茶，讲究喝新茶，而普洱茶贵"陈"，年份越久越好，被称之为能够收藏的"古董"。每种茶都有一最佳贮存期，当收藏的普洱茶其品质达到最佳状态时，就可以享用了，再继续贮存下去，其品质会下降的。当然，若作为文物收藏不妨长久贮存。

Q10　人工发酵普洱茶是湿仓茶吗？

A　人工发酵普洱茶即现代工艺熟茶，在传统普洱茶工艺基础上，经科学配方，人工调节水、湿、气（渥堆工艺），快速发酵，不等同于湿仓茶。

Q11　怎样简单鉴别湿仓茶？

A　湿仓茶看起来和多年的陈茶很相似，但冲泡后会有明显的霉味或陈泥味，汤色红暗、浑浊，品饮后有明显的霉味，酸苦，难以下咽，叶底泡不开，呈烂泥状。通常用开水多投茶、长时间浸泡，反复品尝，最后看叶底即可鉴别。

Q12　普洱茶都有收藏价值吗？

A　不是所有的普洱茶都有收藏价值，一般生茶收藏价值空间大，经过多年良好条件的贮存，自然后发酵，其品质会越来越好。现代工艺熟茶，即人工发酵普洱茶，在制作过程中已经"发酵"，完成了普洱茶的陈化过程，长时间收藏没有很大价值，建议即买即喝，或短时间贮存。

Q13　生茶可以直接饮用吗？

A　生茶当然可以直接饮用，只是时间短的生茶苦涩味较重，品饮时，刺激性很强，若是要喝生茶，建议选择采摘当年的春茶茶芽压制的紧茶，滋味清和，没有苦涩感，有回甘，香气高长，耐冲泡。

Q14　普洱茶的茶汤越深越浓越好吗？

A　品质好的普洱茶正常冲泡后，汤色红浓明亮透明度好。若汤色红浓偏黑，且透明度差、浑浊，则品质差。

Q15　为什么要用普洱刀拆散紧压普洱茶？

A　因为普洱茶压制时茶叶是层层压紧的，用普洱刀从侧面撬拆可以减少茶条索的碎裂。

Q16 普洱茶名字的由来？

A 普洱茶的历史可追溯到东汉时期，最初时，采六大茶山（即曼洒、易武、曼砖、依邦、革登、攸乐）所产的大叶种的鲜叶制成晒青毛茶，压制成各种规格的紧压茶，因在普洱集散， 故名"普洱茶"。

Q17 什么是"渥堆发酵"？

A 堆的字面意思就是湿润、堆成堆。人为地增加茶的含水量，控制温度、湿度，把成吨的晒青毛茶堆成大堆，浇水，使茶堆内温度控制在58～60℃，经过48天时间后形成人工发酵，即所谓渥堆发酵。

Q18 什么是"潮水"？

A 潮水，是制作熟茶的一个重要环节。在压制熟茶之前，必须喷水软化渥堆后已干燥处理的茶。这个程序相当于生茶在紧压前蒸软干茶的程序，但熟茶经渥堆后，已经不再适宜蒸软。但经潮水后，即可起到蒸软的作用，保证茶叶在压制成型时能紧结和不被压碎。

Q19 什么是"干仓普洱茶"和"湿仓普洱茶"？

A 按存放环境不同，将普洱茶分为干仓普洱茶和湿仓普洱茶等。干仓、湿仓是相对而言的。普洱茶的陈化需要相对合适的温度和湿度，如果存放茶的环境温湿度适宜，正常自然存放发酵的茶即为干仓茶；如果为了加速茶的陈化过程，将压制好的生饼存放在较高温度、湿度的环境里，使茶受潮，在湿热条件下快速发酵，出仓后的茶就是湿仓茶。干仓茶不绝对等于优质茶，因为很多因素影响着普洱茶的品质，存放环境不是好茶的唯一条件，同样湿仓茶也不是劣质茶的代名词。湿仓茶是"生茶做旧"，多是商家想用此方法模拟多年陈放自然发酵茶的样子和味道，有的茶商把湿仓茶当成自然发酵多年的茶出售。

3 红茶的Q&A

Q1 红茶是用红茶树的叶子做成的吗？

A 不是。各种茶树的芽叶都可以制成青茶、红茶、绿茶、黄茶、白茶、黑茶。同一种茶树的芽叶，按照青茶的加工工艺制作就是青茶，按照绿茶的加工工艺制作就是绿茶，只是品质有所差异。

Q2 "black tea"是指黑茶吗？

A 不是，black tea 是国际上对红茶的统称。

Q3 "功夫红茶"还是"工夫红茶"？

A 如果是茶叶名是"工夫"，例如祁门工夫、滇红工夫。工夫红茶泛指条红茶。当指泡茶方法的时候，可用"功夫茶"，也可用"工夫茶"。

Q4 是不是所有的红茶都是"叶红汤红叶底红"？

A 不是。产自印度大吉岭的3月中旬到4月中旬采摘生产的红茶，这种茶的茶叶片呈现绿色。

Q5 鉴别红茶优劣的两个重要感官指标是什么？

A 金圈和冷后浑。红茶的茶汤贴茶杯内壁有一金圈，金圈越厚、颜色越金黄，红茶的品质就越好。冷后浑指红茶的茶汤经开水冲泡后茶汤清澈，待冷却后，茶汤出现浑浊现象，加热后浑浊现象消失。冷后浑是红茶茶汤内物质丰富的标志。

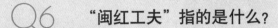

Q6 "闽红工夫"指的是什么？

A 福建省的政和工夫红茶、坦洋工夫红茶、白琳工夫红茶，合称为"闽红工夫"。

Q7 何谓C.T.C茶？

A C.T.C是压碎（crush）、撕裂（tear）、揉卷（curl）三个英文单词的第一个字母的缩写。指茶条在加工过程中，通过两个不同转速的滚筒挤压、撕切、卷曲而成的颗粒状的碎茶。C.T.C一般制成茶包饮用，如立顿红茶。近年来，除了红碎茶外，云南也有C.T.C绿茶生产。

Q8 红碎茶的内质特点是什么？

A 浓、强、鲜。即注重滋味的浓度、强度和鲜爽度。

Q9 每天喝多少茶叶为宜？

A 一般健康的成年人，每天用10克左右干茶泡饮为宜，可分成多次冲泡。每天饮茶量的多少，有时也与饮茶者的习惯、年龄、健康状况、生活环境等因素有关系，体力消耗大的人、经常面对电脑工作的人、吸烟量大的人等，应该适当增加饮茶量。

Q10 冲泡红茶有什么注意事项？

A 若以容积为200毫升的小壶冲泡红条茶，一般投茶量5～7克，红碎茶可适当多放（6～8克）。红条茶适合清饮，红碎茶适合做调饮红茶。红条茶可冲泡3～5次，红碎茶一般1、2次即要换茶。红茶的滋味醇厚鲜爽、刺激性强，初品红茶的人可适当放一些糖或蜂蜜。最好选择白瓷壶或者杯，以衬托红茶汤色的红艳，红茶具可与咖啡饮具通用。水温95℃以上沸水冲泡。

投茶量：

杯泡茶与水比例1：50；

壶泡按每人2克计算。

适用茶具：瓷壶（杯）、紫砂壶（杯）。

红茶伴侣：糖、牛奶、蜂蜜、果汁、柠檬等鲜果、咖啡、白兰地酒等。